高速平衡技术装备

王悦武　田社平　徐锡林等　**编著**

上海交通大学出版社
SHANGHAI JIAO TONG UNIVERSITY PRESS

内 容 提 要

本书主要介绍挠性转子的高速平衡技术装备,阐述了挠性转子高速平衡技术的基本概念与原理、高速平衡机及高速平衡、超速试验室的构成及基本设计方法、DG 系列高速平衡机产品的技术规格参数等。

本书可供从事高速平衡技术专业的工程技术人员和研究人员参考,也可作为高等院校高年级本科生、研究生及教师的参考书。

图书在版编目(CIP)数据

高速平衡技术装备/王悦武,田社平,徐锡林编著. —上海:上海交通大学出版社,2013
ISBN 978-7-313-10188-4

Ⅰ.①高… Ⅱ.①王… ②田… ③徐… Ⅲ.①机械运动—平衡 Ⅳ.①TH113.2

中国版本图书馆 CIP 数据核字(2013)第 192923 号

高速平衡技术装备

王悦武 田社平 徐锡林 编著

上海交通大学出版社出版发行

(上海市番禺路 951 号 邮政编码 200030)

电话:64071208 出版人:韩建民

浙江云广印业有限公司印刷 全国新华书店经销

开本:787mm×960mm 1/16 印张:8.75 插页:8 字数:171 千字

2013 年 10 月第 1 版 2013 年 10 月第 1 次印刷

ISBN 978-7-313-10188-4/TH 定价:28.00 元

王悦武，1940 年生，研究员级高级工程师，1965 年毕业于西安交通大学机械系，毕业后进入原第一机械工业部第二设计研究院，从事机械及工程设计工作，1975~1982 年参与设计、研制 200t 高速动平衡机，获机械工业委员会科技进步一等奖、国家科技进步奖二等奖，因独立设计高速动平衡试验室关键驱动装置，再次获机械工业委员会科技进步一等奖和国家科技进步二等奖。2000 年，参与援外高速平衡试验室工程全套装备的设计和调试，获机械工业委员会和中国机械工程委员会颁发的一等奖。1991 年获机械电子工业部授予的"有特殊贡献的专家"称号，1992 年被授予国务院颁发的政府特殊津贴证书。目前担任上海电气集团下属的上海辛克试验机有限公司总工程师，负责高速平衡机的技术设计及产品研发工作。

田社平，1967 年 7 月生，1999 年毕业于上海交通大学仪器工程系，获工学博士学位，现任上海交通大学电子信息与电气工程学院副教授，上海交大-上海辛克联合研发中心负责人，一直从事动态测试、电路理论的科研和教学工作，在国内外学术期刊发表论文 150 余篇，负责、参加多项纵、横向课题，拥有国家发明专利十余项，获国家机械工业部科技进步二等奖 1 次，主编、参编多本教材，其中《电路基础》获上海普通高校优秀教材二等奖，获上海交通大学各类奖励及优秀教师称号多次。

我国第一套自主研发的 200t 高速平衡机装备

20世纪70年代末，我国自主研制首台高速平衡装备。该装备轴承跨距为16m，可平衡的转子重量为 8~200t，最大直径为 6.1m，最大轴向长度可达 18m，平衡转速范围为 180~3 600r/min，最高超速试验转速可达 4 320r/min，适用于大型汽轮发电机组、汽轮机、燃气轮机和发电机转子的高速平衡和超速试验。近四十年来，该装备一直为我国的大型电站设备制造发挥着重要的作用。

某汽轮电机有限责任公司的 100t 高速平衡、超速试验室

该试验室建成于 2008 年。该高速平衡、超速试验室的核心装备——高速平衡机由上海辛克试验机有限公司设计、制造。通过严格的质量控制，该试验室一次装配成功、一次调试合格、一次验收通过。图为76t发电机转子正用平车运输到试验室进行高速平衡试验。

等待高速平衡试验的汽轮机转子

大型汽轮机转子装载在运输平车上，等待运入试验室的防爆真空筒体中进行高速平衡、超速试验。高速平衡试验用的转子及左右两个机械支承座，分别由两部运输平车运入真空筒体，通过油缸将机械支承座下降就位后，运输平车退出筒体。平衡试验结束后，运输平车再将机械支承座及转子运出筒体。

高速平衡机的机械支承座

高速平衡机的机械支承座不仅要承受一定质量的转子作高速旋转，还要正确、可靠地将不平衡振动信号传递到电测单元，经电测单元处理后将转子不平衡的量值大小和相角位置显示出来。因此在设计机械支承座时，其设计应满足这一要求。在工程实践中，机械支承座也被称为摆架。

防爆真空筒体

  高速平衡、超速试验室的防爆真空筒体具有防爆、抗穿甲能力以及较好的密封性和强度。转子在进行高速平衡或超速试验时，可能会发生转子叶片断裂、平衡配重块飞逸，甚至转子叶轮破碎、转子爆裂等现象。为减少转子特别是带叶片的转子和多级泵状转子在高速旋转下的摩擦、风阻功耗，高速平衡或超速试验必须在真空状态下进行。

中央控制监测室

  中央控制监测系统主要由平衡测量系统、驱动操作控制系统、辅机测量监控系统组成。整个系统装置集中在控制室内进行操作、测量和控制，操作人员可直接在控制室内操作控制各系统设备和进行平衡测量。

数控加工中心

　　为谋求企业的更大发展,2010年3月上海辛克试验机有限公司整体搬迁至上海市松江区永丰路35号, 标志着上海市高新技术产业化项目——"智能化大型高速平衡机"技改项目建成。项目总投资数千万元,用于厂房的搬迁和改造、大型数控加工中心等数控加工机床及高精度的计量器具的添置,以满足高速平衡机主要部件的加工、装配调试、精度检测等需要。图为技术工人在加工高速平衡机的机械支承座。

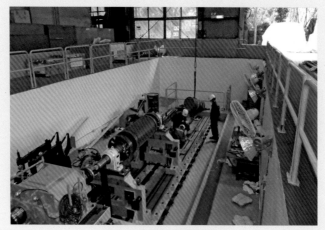

准高速平衡机安装现场

准高速平衡机是一种新型的高速平衡机，适用于低吨位挠性转子的高速平衡、超速试验。准高速平衡机采用滚轮/轴瓦支承方式，具有安装、维护方便，使用可靠，制造成本低的特点。

4.5t 高速平衡试验室

由上海辛克试验机有限公司投资建成的 4.5t 高速平衡试验室，其系统采用中央控制、分屏显示方式。试验室的防爆筒体采用移动钢结构形式。该试验室可用于 4.5t 以下挠性转子的高速平衡、超速试验(最高转速 8 000r/min)以及开展转子动力学特性的试验与研究。

创高速平衡技术之基

立民族工业装备之本

序

　　随着科学技术的发展，旋转机械日趋大型化、高速化，大型的汽轮发电机组、高速涡轮机等的工作转速大多接近或超过其转子的临界转速，从而使转子呈现出挠性转子的特性。这类转子在出厂前必须经过高速平衡，而高速平衡技术装备则是实施高速机械平衡的关键、核心装备。它可为高速旋转机械稳定、可靠、安全地运行提供技术保障。现代高速平衡技术装备涉及机械、液压、电子、传感器、计算机等多项技术领域，系属装备制造业的高端产品。我国在 20 世纪 70 年代曾通过技术攻关，独立自主设计、制造成功我国第一台 200t 大型高速平衡机，成为世界上少数能够设计、制造高速平衡机的国家之一。该高速平衡机作为上海汽轮机厂有限公司对汽轮机、燃气轮机转子进行工艺测试的重要装备，至今仍然发挥着它应有的作用。

　　创新驱动、转型发展，是上海在更高起点上推动科学发展的必由之路。如何通过创新驱动来促进转型发展？我认为应该通过技术总结、创新，改变原来主要依靠增加投资、添加设备、建造厂房来拉动发展的模式，转变为主要依靠技术进步和提高劳动者素质来推进发展的模式。上海辛克试验机有限公司作为我国唯一的一家高速平衡机设计、制造企业，近年来已为用户提供了多台高速平衡技术装备。公司核心团队在着力于组织该领域的专家、高校教师以及公司技术人员对现代高速平衡技术装备研发的同时，还重视该技术的总结并编写专著出版，我认为是一件很有意义的事。

　　本书的出版不仅是对高速平衡技术装备的总结，更是延续民族工业的有益之举。

　　是为序。

上海电气(集团)总公司董事长　董建华

二〇一三年五月

前　　言

　　转子的平衡技术在国民经济特别是装备制造业中具有独特的地位。举凡旋转机械,从精密的导航用陀螺仪,到交通车辆的普通轮毂;从重达数百吨的汽轮机转子,到轻至几克的仪表转子,甚至微机电系统的转子组件;从转速仅每分钟几转的卫星,到高达每分钟十几万转速的机床主轴,其工作性能的优劣,都和它们的平衡品质密切相关。统计数据表明,转子的动不平衡是引起振动和噪声、降低设备寿命和可靠性、制约产品质量和性能的重要原因之一,也是旋转类机电产品生产、制造以及应用过程中必须解决的一个基本问题。高速平衡技术是平衡技术中的高端技术,它的应用为高速旋转机械运行的安全性和可靠性提供了保证。目前国内汽轮机、发电机、透平压缩机等大型回转机械挠性转子进行高速平衡试验已成为常规的工艺过程。可以说,高速平衡技术在降低机组振动、噪声,提高工作转速,保证机组正常、安全运行,延长使用寿命及改善工作条件方面发挥了重要作用。

　　相对于通用平衡技术而言,高速平衡技术主要应用于大型挠性转子的平衡校正和超速试验。作为转子高速平衡的主要工艺装备,高速平衡机除了具有低速平衡机的功能外,还必须满足转子高速平衡试验、转子超速试验及转子动力学研究测试等要求,其工作原理、结构、性能指标都有其自身的特点。随着工程技术特别是计算机技术的发展,平衡技术包括高速平衡技术也始终处于动态的发展之中。例如,随着电路技术和计算机技术的发展,平衡机电测系统的测量(显示)方式发生了改变,从早期的机械测量方式(机械式振幅指示计和相位计)、电子测量方式(电子放大器、滤波器等),发展到以微控制器(嵌入式系统)为特征的新型电气测量方式。此外,数字信号处理技术也大大地提升了高速平衡技术的内涵,现代高速平衡机的电测单元已不再是简单地进行不平衡测量,它还具备丰富的数据处理和分析功能。

　　与此同时,为了保证转子在高速旋转状态下试验过程的安全性,减少或消除空气的阻力以便能够进行正确的平衡,挠性转子的高速平衡、超速试验通常在高速平衡、超速试验室中完成。高速平衡、超速试验室通常是一个独立的建筑结构,它主要由驱动系统、防爆真空筒体、大门、真空泵房、润滑油系统、控制室、辅机房等组成,以确保转子在高转速下的平稳运行以及在超速或突发事故发生时的安全性,并可直接监测各系统的运行情况。

我国自 20 世纪 80 年代初在某汽轮机厂装备第一套自主研发的高速平衡机以来,陆陆续续有多家企业装备不同吨位的高速平衡机,以满足大型回转机械产品平衡工艺的需要。尽管如此,目前还没有一本关于高速平衡技术装备方面的专著公开出版。我们希望本书的出版能够有助于高速平衡技术的总结及普及。

高速平衡技术涉及多种技术,我们试图从系统的角度对高速平衡原理、高速平衡机设计、高速平衡及超速试验室的构成进行全面的介绍,尽可能反映高速平衡机技术的最新发展趋势,以期让读者能够对高速平衡技术有一个整体的、全局的了解。本书共分 5 章,较为全面地介绍了平衡技术的基本概念、挠性转子的高速平衡原理、高速平衡机机械结构和电测单元的设计原理、高速平衡及超速试验室的构成与基本设计原则。

本书由上海交通大学仪器科学与工程系田社平统编。参加本书编撰工作的有上海交通大学仪器科学与工程系徐锡林(第 1、2 章)、上海辛克试验机有限公司王悦武(第 3、5 章)、上海交通大学仪器科学与工程系田社平(第 4 章、第 2.1 节、第 2.4 节、第 2.5 节、第 3.4 节、附录 A)、上海辛克试验机有限公司林晓娟、杨珏(第 4.4 节)、上海辛克试验机有限公司赵志清、秦琳(附录 B、附录 C)。

本书的编撰工作得到了上海电气集团总公司领导的关心,也得到了上海辛克试验机有限公司董事长周志炎先生的支持与帮助。整个撰写过程是在上海仪器仪表协会副理事长、上海辛克试验机有限公司总经理范克雄先生主持、关心下开展的,是集体合作的结晶,也是对我国唯一一家设计、制造高速平衡机企业——上海辛克试验机有限公司数十年来探索、实践高速平衡机技术的一次总结。在此,对上海辛克试验机有限公司领导和技术人员的大力支持致以衷心的感谢。上海交通大学电子信息与电气工程学院仪器科学与工程系对本书的撰写也给予了大力支持,在此深表致谢。

本书送审稿承蒙上海交通大学机械系统与振动国家重点实验室陈进教授、南京汽轮电机(集团)有限责任公司邓勇高级工程师仔细审阅,提出了许多宝贵意见。本书完稿后,上海辛克试验机有限公司杜荣林、郭强、顾皓也进行了审阅并提出许多具体意见。在此向他们深致谢忱与敬意。

由于作者水平有限,书中存在的不妥、错漏之处,欢迎读者批评指正。

作 者

二〇一三年六月

目　　录

第1章 绪 论

1.1 高速平衡技术概述

机电产品的振动及其噪声,是衡量和判定产品质量高低的重要测试指标之一。对现代文明生产和生活环境而言,控制机电产品的振动及其噪声的大小,也是减振降噪、保护环境的基本要求。因此,减小振动、降低噪声,长期以来一直是机电工程界为之努力追求的目标和研究的课题。在各种机电设备当中,例如电动机、发电机、汽轮机、燃气轮机、离心泵、鼓风机、内燃机,等等,其中都不乏旋转体,这些旋转体均被简称为转子。机电工程的实践告诉我们,旋转机械在运转过程中所产生的振动及噪声,很大一部分是由其转子的质量分布不对称、不均衡而引发的。为了达到减振降噪的目的,旨在减小转子的质量分布不对称、不均衡的技术——转子的机械平衡,是旋转机械在制造、维修中一道重要的必不可少的工艺。

转子的机械平衡离不开工艺装备——平衡机。平衡机是用于检测转子质量分布不对称、不均衡量值大小及其所在相位角的装置,它是一种机、电、仪一体化的现代工艺测试装备。

20世纪60年代始,随着旋转机械向大型、高速、高效率发展,各种大型的发电机组、化工和冶金设备相继问世,其中转子的轴向长度被大大加长。由于受到材料强度的限制,转子径向尺寸增加有限。这样,因横向弯曲刚度降低而导致转子的临界转速下降,甚至跌至转子的最高工作转速以下,出现了挠性转子。如何保证这类转子平稳、可靠、安全地运转,成为大型、高速机电设备设计和制造中的关键技术。于是,有关挠性转子的机械平衡技术便应运而生,它与大家早已熟悉的刚性转子的平衡技术既有联系又有很大不同。一般来说,挠性转子要求在它的最高工作转速及其最高工作转速以下可能包含的第一、二、三阶临界转速附近进行高速平衡,这不仅是为了减小机器的振动和作用在轴承座上的动压力,更是为了减小转子本身的动挠度。伴随20世纪后半叶的300MW、600MW大容量汽轮发电机组的诞生,以及发展到当今的1 000MW的汽轮发电机组相继投入运行,高速涡轮发动机也不断问世,其转速已达到每分钟一二万转,甚至更高,挠性转子的高速平衡技术越来越为人们所高度关注。为了确保制造出来的转子平稳、可靠、安全地运行,各个大型电站设备制造厂、涡轮机制造厂、鼓风机制造厂等都不惜巨资建设高速平衡、超速试验室。

高速平衡技术装备在国家的大型电站设备制造业,大型化工、冶金装备制造业,高速涡轮机制造业等多个工业领域是一项不可或缺的关键工艺装备。其中的高速平衡机就是为适应挠性转子的高速平衡要求而设计出的一种新型平衡机,它出现于20世纪60年代。我国为发展大型火、核电站建设的需要,于20世纪70年代,在上海成立了大型高速动平衡机会战小组。会战小组由原机械工业部第二设计院、上海交通大学、原上海试验机厂和用户(厂)等单位组成。通过大量的试验研究,掌握了它的核心技术,最终独立自主设计制造成功我国第一台200t大型高速平衡机并装备在有关工厂,从而使我国成为了世界上少数能够设计、制造高速动平衡机的国家之一。该装备轴承跨距为16m,可平衡的转子重量为8~200t,最大直径为6.1m,最大轴向长度可达18m,平衡转速范围为180~3 600r/min,最高超速试验转速可达4 320r/min,适用于大型汽轮发电机组、汽轮机和发电机转子的高速平衡和超速试验。三十多年来,直至当今还在为我国的大型电站设备制造发挥着重要的作用。

高速平衡机是集机械、电子、传感器、计算机于一体的科技密集型装备。以它为核心设备的高速平衡、超速试验室实质上就是一座现代化的综合性测试站,它具备振动、功率、扭矩、转速、压力、温度、油压、真空度等多个机械量和电量的测试功能及其相应的自动调控功能。所以说,现代化的高速平衡技术装备乃是一种高端技术装备。

随着现代科技的不断进步,需要进行高速动平衡的转子越来越多,对高速平衡技术装备的要求也越来越高。与此同时,半个多世纪以来高速平衡技术及其装备也在不断进步和发展。为此,需要我们注重协同创新,不断地设计、开发出高速平衡技术装备的新产品,满足国内市场需求,并力争开拓国际市场,谋求为国家的装备制造业做出更大的贡献。

1.2 转子及其不平衡

在机电工程中,由轴承支承并绕其轴线旋转的零件或部件通常简称为转子。例如,电机转子、汽轮机转子、涡轮机转子、内燃机曲轴、螺旋桨、各种车轮、叶轮、滚轮、砂轮、摆轮,等等。对于诸如各种电动机、发电机、汽轮机、燃气轮机、离心泵、鼓风机、内燃机等旋转机械而言,其转子的不平衡往往是导致该机械设备在运转过程中不能平稳地运转并产生振动的主要原因之一。

图1.1(a)是质量为 M 的单圆盘转子,其质心 C 相对于旋转中心 O 点的矢

径用 r_C 表示，r_C 的量值即为转子的质心 C 点偏离于旋转中心 O 点的距离，常用 e 表示，即 $OC=e$。因此，e 也称为"质量的偏心距"。当转子以角速度 ω 绕 O 点作匀速旋转时，转子就会产生离心惯性力 F（亦称转子的不平衡离心力），即

$$F = M\omega^2 r_C \qquad (1.1)$$

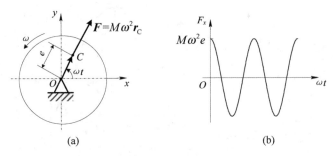

图 1.1 单圆盘转子的不平衡离心力

由式(1.1)不难看出，转子的不平衡离心力具有以下特性：

(1) 不平衡离心力的大小与转子的质量成正比；与质心的偏心距 e 成正比；与角速度 ω 的平方成正比，随其转速的提高，转子的不平衡离心力的大小甚至可以超过转子本身的重量。

(2) 不平衡离心力的方向与矢径 r_C 保持一致，它随质心 C 点的回转而旋转，所以离心力是一个与转子同步旋转的矢量。不平衡离心力在水平方向上的投影是一条正弦曲线，如图 1.1(b)所示。转子的轴颈和轴承座在这样一个正弦变化的外力激励下将在它的水平方向上作同频的正弦振动，于是便导致了转子的不稳定运转及机器的振动，甚至还会产生转子本身转轴的动挠曲变形。

(3) 在转子质量和转速一定的情况下，欲减小转子的不平衡离心力，唯一的办法是减小其质心的偏心距 e。因此，有效地减小转子质心的偏心距则成为转子机械平衡的出发点和初衷。

总之，转子因质心偏离其旋转中心，当它旋转时会产生不平衡离心力。正是这种离心力，导致旋转时转子本身轴颈的振动和转轴的动挠曲变形，从而产生作用在轴承上的动压力。该动压力成为轴承座乃至机架振动的激励源，导致机械设备运转时产生振动及噪声。

不平衡离心力不仅引发了机械设备的振动及其噪声，还由于它是一种附加的动载荷，会额外加大能耗，加速轴承的磨损，缩短机械的寿命，影响机床的加工精度和机械的运行质量，严重时还有可能会导致产生机毁人亡的重大事故。在20 世纪，国内外都曾经发生过大型发电机组因转子不平衡而酿成机毁人亡的惨痛事故。

现在再来讨论一般的刚性转子的不平衡离心力的情况。我们不妨将刚性转子视为若干个厚度为微小量 dz 的圆盘同轴串联而成,如图 1.2 所示。

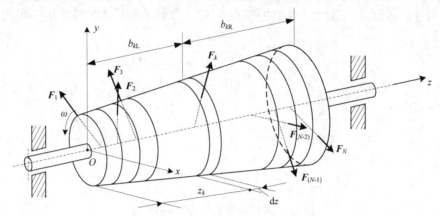

图 1.2　转子视为若干个质量单元圆盘同轴串联而成

在图 1.2 中,每个圆盘都为转子的一个质量单元,当转子以角速度 ω 旋转时,每个质量单元都会产生不平衡离心力:$F_k = m_k r_k \omega^2$,其中,m_k 为第 k 个质量单元的质量,r_k 为第 k 个质量单元的质心到 z 轴的距离。它们的大小、方向以及所处轴向位置 z_k 都不相同,但它们又都通过并垂直于旋转轴 z。由此,它们组成了一个沿 z 轴分布的空间力系(F_1,F_2,$\cdots$,F_k,$\cdots$,F_N)。

假设在转子的左右两端面附近或在左右的两个轴承支承平面上有两个径向平面 P_L 和 P_R,如图 1.3 所示。将每个质量单元即厚度为 dz 的圆盘的不平衡离心力 F_k 分解成两个平行分量 F_{kL} 和 F_{kR},它们分别位于径向平面 P_L 和 P_R 内,即有

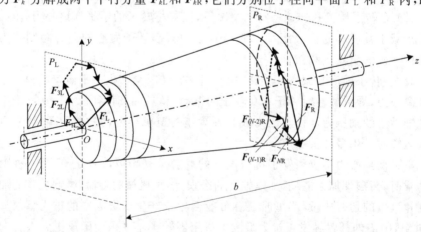

图 1.3　离心力被分解成不同轴向位置上的两个平行分量 F_{kL} 和 F_{kR}

$$\begin{cases} \boldsymbol{F}_{k\text{L}} = \dfrac{b_{k\text{R}}}{b} \boldsymbol{F}_k \\ \boldsymbol{F}_{k\text{R}} = \dfrac{b_{k\text{L}}}{b} \boldsymbol{F}_k = (1 - \dfrac{b_{k\text{R}}}{b}) \boldsymbol{F}_k \end{cases} \tag{1.2}$$

显然

$$\boldsymbol{F}_k = \boldsymbol{F}_{k\text{L}} + \boldsymbol{F}_{k\text{R}} \tag{1.3}$$

式中，b 为径向平面 P_L 和 P_R 之间的轴向距离；$b_{k\text{L}}$、$b_{k\text{R}}$ 分别为第 k 个圆盘到平面 P_L 和 P_R 的轴向距离，$b_{k\text{L}} + b_{k\text{R}} = b$。

上述离心力分解的结果在径向平面 P_L 和 P_R 上分别形成一汇交平面力系 $(\boldsymbol{F}_{1\text{L}}, \boldsymbol{F}_{2\text{L}}, \cdots, \boldsymbol{F}_{k\text{L}}, \cdots, \boldsymbol{F}_{N\text{L}})$ 和 $(\boldsymbol{F}_{1\text{R}}, \boldsymbol{F}_{2\text{R}}, \cdots, \boldsymbol{F}_{k\text{R}}, \cdots, \boldsymbol{F}_{N\text{R}})$。这两个汇交力系又可按力的合成法则得到各自的合力 $\boldsymbol{F}_\text{L}$ 和 $\boldsymbol{F}_\text{R}$，即

$$\begin{cases} \boldsymbol{F}_\text{L} = \displaystyle\sum_{k=1}^{N} \boldsymbol{F}_{k\text{L}} \\ \boldsymbol{F}_\text{R} = \displaystyle\sum_{k=1}^{N} \boldsymbol{F}_{k\text{R}} \end{cases} \tag{1.4}$$

$$\boldsymbol{F} = \sum_{k=1}^{N} m_k \omega^2 \boldsymbol{r}_k = \sum_{k=1}^{N} \boldsymbol{F}_{k\text{L}} + \sum_{k=1}^{N} \boldsymbol{F}_{k\text{R}} = \boldsymbol{F}_\text{L} + \boldsymbol{F}_\text{R} \tag{1.5}$$

由上面分析不难看出，离心力 $\boldsymbol{F}_\text{L}$ 和 $\boldsymbol{F}_\text{R}$ 与转子的质量单元的离心力系完全等效。因此，$\boldsymbol{F}_\text{L}$ 和 $\boldsymbol{F}_\text{R}$ 可称为整个转子的离心力系在两个指定径向平面上的等效离心力。

假若转子的质量单元的离心力系向左右两径向平面上简化的结果是

$$\boldsymbol{F}_\text{L} = \boldsymbol{F}_\text{R} = \boldsymbol{0} \tag{1.6}$$

则表明整个转子的离心力为零，转子的质量分布沿其轴线方向相对于轴心线完全均衡对称地分布，转子处在力的平衡状态。

上述有关转子的质量单元的离心力系向左右径向平面的简化的结果告诉我们，转子可以在任意选定的左右两个不相重合的径向平面上采取相应的调整质量分布的工艺措施，即后述的平衡校正工艺，使两个等效离心力减小为零或减小到某个允许范围内，此时，整个转子的不平衡离心力亦意味着被减小为零或减小到某个允许值内。这不仅为刚性转子的双面平衡奠定了理论基础，也为转子的机械平衡指明了方向。

按照力的合成和分解原理，我们又可将上述左右指定的径向平面上的等效离心力 $\boldsymbol{F}_\text{L}$ 和 $\boldsymbol{F}_\text{R}$ 各自分解成两个彼此间的同向分量 $\boldsymbol{F}_\text{A}$ 和反向分量 $\boldsymbol{F}_\text{B}$，如图 1.4 所示。$\boldsymbol{F}_\text{A}$ 和 $\boldsymbol{F}_\text{B}$ 分别满足

$$\begin{cases} \boldsymbol{F}_\text{A} = (\boldsymbol{F}_\text{L} + \boldsymbol{F}_\text{R})/2 \\ \boldsymbol{F}_\text{B} = (\boldsymbol{F}_\text{L} - \boldsymbol{F}_\text{R})/2 \end{cases} \tag{1.7}$$

由图 1.4 或式(1.7)可得

$$\begin{cases} \boldsymbol{F}_{\mathrm{L}} = \boldsymbol{F}_{\mathrm{A}} + \boldsymbol{F}_{\mathrm{B}} \\ \boldsymbol{F}_{\mathrm{R}} = \boldsymbol{F}_{\mathrm{A}} - \boldsymbol{F}_{\mathrm{B}} \end{cases} \tag{1.8}$$

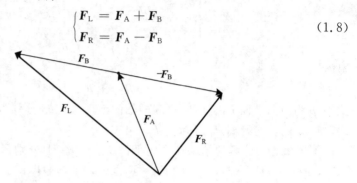

图 1.4　两个等效离心力 F_{L} 和 F_{R} 的同向分量和反向分量矢量图

由式(1.8)可以看出,若将转子在左右两个指定的径向平面 P_{L} 和 P_{R} 上的等效离心力 F_{L} 和 F_{R} 再进一步分解成彼此是同向分量和反向分量的话,则两个同向分量之和为整个转子的离心力系的合力,而两者的反向分量由于分别存在于两个径向平面上,且相隔距离为 b,构成一对力偶,亦即为转子的离心力系的合力偶矩 $\boldsymbol{M}_{\circ} = b\boldsymbol{F}_{\mathrm{B}}$。

欲使转子处于力的平衡状态,则必须使它的不平衡离心力系的合力和合力偶矩都为零。此时,转子的质量分布也必然为均衡对称分布,即呈现为质量分布平衡状态。否则,转子的质量分布处于不均衡不对称分布状态,亦即为质量分布不平衡状态。转子旋转时产生的不平衡离心力的合力和合力偶矩会引起轴颈的振动,并产生作用在轴承上的动压力。因此,机械平衡的最终目的是通过减小转子的质量分布不平衡大小,达到减小由于不平衡离心力而引发的振动和动压力的目的。

必须指出,上述分析是以转子在它运转过程中不发生弯曲变形或弯曲变形很小以致可以忽略不计为前提的。对于大多数常见的工业转子,例如机床的主轴、各种中小型的电机转子、涡轮机转子、离心泵转子等都可认为符合这样一个前提条件。

众所周知,导致转子质量分布不均衡不对称的原因有设计、材料、制造加工和装配等多方面的因素。在结构设计方面,如结构布置的不对称,键和键槽的不对称,汽轮机叶轮的各叶片之间的差异等;在材料方面,如铸件中的气孔、夹砂、材料组织的疏松等,锻件内的夹杂物,焊接件的焊缝不均匀等;在制造加工过程中,零件不可避免地存在有几何尺寸及形位误差,热处理后的塑性变形,以及装配过程中存在间隙、不同轴度、不垂直度等装配误差,还有联轴器的不平衡等多种原因和因素。此外,待转子运转一段时间后,由于不均匀磨损、温度和工作载荷引起转子零件的永久变形等也会造成转子新的不平衡；在转子的维修过程中，由于更换了零部件使得转子变得不平衡；甚至在运输途中，转子受到撞击或存放不当而引起变形；长期的闲置，油污、尘土沉积于转子表面和孔径内，金属表面的锈蚀等都会破坏转子的已有平衡状况。上述诸多的原因和因素中，大多数表现出无规律性，呈随机性质，既无法进行统计计算，又难以避免和杜绝。因此，无论是在转子的设计、加工制造和装配阶段，还是在转子的运转、维修过程中，甚至在运输的途中，都应高度重视转子的机械平衡问题。

既然转子的质量分布的不均衡不对称现象是机械工程中一个十分普遍的问题，为了减小转子通过轴承座传递到机座等周围介质的振动和力，转子的机械平衡便是一个不可替代、也是不可缺少的重要工艺。

通过上述有关转子的不平衡离心力的分析，我们明确了转子旋转时的离心力属动力学范畴，是转子质量的运动属性，属于转子的动态、暂态。当刚性转子旋转时，若构成它的所有质量单元在两个选定径向平面上的等效离心力全为零，则转子处于力平衡状态。否则，转子处于力的不平衡状态。当转子处于力平衡状态时，转子的离心力的合力和合力偶矩均为零，不会引发轴颈的振动，也不产生作用在轴承上的动压力，或者都很微小。当转子处于力的不平衡状态时，转子的离心力的合力和合力偶矩不为零，从而引发轴颈的振动并产生作用在轴承上的动压力。

转子质量的分布如何，与转子是否旋转无关，一旦制造或装配完成则就决定了。它只决定于转子本身，属于转子的静态、常态。一个工业转子，由于设计、材质、制造加工、装配、磨损和变形等多方面的原因，其质量分布沿轴线方向上相对其旋转轴线不可避免地存在着不均衡不对称分布，即转子常常处在质量分布的不平衡状态。转子的质量分布是否为平衡状态与转子旋转时的离心力是否为力平衡状态成为一对因果关系。前者是因，后者是果。当构成转子质量单元在沿轴线方向上相对于旋转轴线呈均衡对称分布时，即转子处于质量分布的平衡状态时，那么，它旋转时的离心力也必然处于力平衡状态。由此可知，如果转子的离心力不处于力的平衡状态，则反映了它的质量分布也必然处于不平衡状态。

一般而言，由于转子质量分布的不平衡状态很难用常规的度量仪器直接测量出来，所以，常常通过对转子旋转时的离心力以动态测试的方式间接测量出它的质量分布的不平衡状态。工业上，则通过对旋转时转子的离心力所引发的轴颈的振动或作用在轴承上的动压力，即转子-轴承系统的不平衡振动响应的测试，来检测转子质量分布的不平衡状态。

1.3　转子的不平衡量

　　为了进一步从量值上阐述转子的质量不平衡,不妨假设一个单圆盘转子[见图 1.1(a)],其质量为 M,且圆盘的质量分布均匀对称,质心 C 落在几何中心 O 上,转轴的中心线通过圆盘的几何中心 O 点,并与圆盘严格保持垂直,转轴的质量忽略不计。当转子以角速度 ω 绕轴旋转时,其不平衡离心力为零,处于力的平衡状态。如若在转子偏离其旋转轴中心线的 r 处放置一个质量(块)m,此时转子的质量分布不再平衡,转子的不平衡离心力也不再为零。此偏置的质量(块)通常被称为不平衡质量(块)(unbalance mass)。转子质量分布的不平衡程度可以用转子的"不平衡量"(amount of unbalance)来描述,其量值一般用该不平衡质量(块)的质量与其质心偏离转子旋转轴心线的半径距离的乘积来表示,即 $U=mr$,其常用单位为克・毫米[g・mm]。它处在圆周方向上的方位角用"不平衡相位角"(angle of unbalance)表示,其定义为在不平衡质量(块)的质心所在的径向平面上,以旋转轴心为坐标原点的极坐标系上相对于某一个角度参考标志的相位角。人们通常用"不平衡量"来描述和定义转子质量分布不平衡的程度,即反映出不平衡量的量值大小,又用"不平衡相位角"来描述不平衡量所在的圆周角位置。术语"不平衡矢量"(unbalance vector)即为以不平衡量的量值为模,以不平衡量相位角为方向角所构成的矢量。平时所说的转子的"不平衡量"一词其实也已含有矢量意义(量值及相位角),只是在需要特别强调矢量时,才言称"不平衡矢量"。

　　此外,术语"不平衡度"(specific unbalance)为转子单位质量的不平衡量,自然它也含有矢量的意义。在量值上,"不平衡度"相当于质量偏心距,常用英文字母 e 表示:

$$e = \frac{U}{M} = \frac{mr}{M} \tag{1.9}$$

式中,M 为转子质量。e 的常用单位为 g・mm/kg 或 μm。

　　对于非盘状的一般刚性转子,其质量沿着轴线方向分布,不同于单圆盘转子的不平衡。然而,人们习惯上借用单圆盘转子的不平衡量的概念来描述一般刚性转子的不平衡量。通常,用符号 $U_i = m_i r_i$ 表示转子质量单元圆盘的不平衡量,整个转子的离心力系的合力和合力矩为

$$\begin{cases} \boldsymbol{F} = \sum \boldsymbol{F}_i = \sum m_i \omega^2 \boldsymbol{r}_i = \omega^2 \sum \boldsymbol{U}_i \\ \boldsymbol{M}_o = \sum \boldsymbol{M}_{oi} = \sum m_i \omega^2 \boldsymbol{r}_i z_i = \omega^2 \sum \boldsymbol{U}_i z_i \end{cases} \tag{1.10}$$

消去 ω^2 得

$$\begin{cases} \boldsymbol{U} = \dfrac{\boldsymbol{F}}{\omega^2} = \sum \boldsymbol{U}_i \\[3mm] \boldsymbol{C} = \dfrac{\boldsymbol{M}_o}{\omega^2} = \sum z_i \boldsymbol{U}_i \end{cases} \tag{1.11}$$

式(1.11)中的 $\boldsymbol{U}$ 表示构成整个转子的不平衡量的合成总量；$\boldsymbol{C}$ 表示转子的不平衡偶矩的合成总量，两者也均为矢量。这样，一根非盘状的一般转子的质量不平衡量总可以用不平衡的合成总量 $\boldsymbol{U}$ 和不平衡矩的合成总量 $\boldsymbol{C}$ 来表示。

国际标准化组织(ISO)于 2001 年在标准《ISO 1925:2001 Mechanical Vibration-BalancingVocabulary》中首次提出采用"合成不平衡量"与"合成矩不平衡"两个术语来完整地表达刚性转子的质量分布不平衡状态。我国国家标准 GB/T 6444—2008"机械振动平衡词汇"也采用了这两个术语。

合成不平衡量(resultant unbalance)：沿转子轴向分布的所有不平衡矢量的矢量和。合成不平衡可表示为

$$\boldsymbol{U}_r = \sum \boldsymbol{U}_k \tag{1.12}$$

式中，$\boldsymbol{U}_r$ 为合成不平衡矢量，常用单位为克毫米(g·mm)，$\boldsymbol{U}_k$ 为第 k 个不平衡矢量，k 从 1 到 N。

合成矩不平衡(resultant moment (couple)unbalance)：沿转子轴向分布的所有不平衡矢量对合成不平衡量所在(径向)平面的矩矢量之和。合成矩不平衡可表示为

$$\boldsymbol{C} = \sum (z_k - z_r) \boldsymbol{U}_k \tag{1.13}$$

式中，$\boldsymbol{C}$ 为合成矩不平衡，单位为 g·mm^2，$\boldsymbol{U}_k$ 为第 k 个不平衡矢量，k 从 1 到 N，z_k 为从坐标原点到 $\boldsymbol{U}_k$ 所在平面的轴向位置的矢量，z_r 为从坐标原点到 $\boldsymbol{U}_r$ 所在平面的轴向位置的矢量。

术语"合成不平衡量"的量值及相位角与所在的径向平面的轴向位置无关，而"合成矩不平衡"的量值及相位角取决于合成不平衡量所选择的轴向位置。

通常，转子的合成不平衡量可以用位于两个指定径向平面内的等效不平衡量的矢量和表示，其值为其同向分量的两倍，而合成矩不平衡可以用存在于两个指定径向平面内的等效不平衡矢量的反向分量(大小相等，方向相反)乘以两平面之间距离的乘积来表示。

1.4　刚性转子与挠性转子

就转子的平衡技术而言，转子一般可分为刚性转子和挠性转子两大类。根

据国家标准《GB/T6444—2008 机械振动 平衡词汇》,刚性转子定义为:在直至最高工作转速的任意转速下旋转,由给定的不平衡量的分布引起的弹性挠曲低于允许限度的转子。挠性转子定义为:由于弹性挠曲不能认为是刚性的转子。理论和实践告诉我们:对于最高工作转速超过其第一阶(挠曲)临界转速70％的转子,当它的转速升高至接近或者到达其最高工作转速时,由其分布的不平衡量所引起的挠曲会有明显的增大,往往会超过允许限度。于是便约定俗成为一个规定,即:最高工作转速超过其第一阶(挠曲)临界转速70％的转子,列入挠性转子范畴,其机械平衡应采用挠性转子的平衡方法和准则。

对刚性转子和挠性转子应采用不同的平衡方法。刚性转子的不平衡量可以通过两个靠近轴承座的径向平面上的等效不平衡量来描述和校正,且它不随转速的变化而改变,故一般都在远低于工作转速下进行平衡即可满足平衡要求。而挠性转子则不然,它的不平衡需采用振型不平衡量(此术语请参见第 2.2.2 节)来描述和校正,且不平衡量会随转速的变化而改变。所以需要在包括最高工作转速在内的多个转速下进行平衡,才能达到平衡要求。

在转子的平衡实践中,首先必须了解平衡的对象是刚性转子或是挠性转子。以下将介绍判断挠性转子的常用方法,以便确定采用相应的平衡方法。

(1)一般地,最高工作转速超过其第一阶(挠曲)临界转速70％的转子,就其平衡而言,可判定为挠性转子,应采用挠性转子的平衡方法及准则。

(2)当第一阶挠曲临界转速未知时,则可通过下述试验加以判断:

将转子安装在其轴承及支承座的刚度、阻尼与工作现场相类似的试验设备上,且能使转子至少可升速到最高工作转速,然后启动转子,使其逐渐升速至最高工作转速,注意在整个运转过程中,对试验设备的支承座进行振动监测。支承座的振动不允许超过安全的允许范围。同时,在转子的升速和降速过程中,测量并记录随转速而变化的振动读数值,包括在工作转速下的振动幅值及相位角(相对于过转子旋转轴心线的参考极坐标系的相位角),以备进一步挠性试验之用。

a)若记录到的振动读数值随转速变化不明显,则可以认为该转子是刚性转子,或者转子虽然是挠性转子,但它的振型不平衡量较小。否则需进一步通过转子的挠性试验加以判断。

b)若测量并记录的振动读数值随转速发生了明显变化,则存在以下一个或多个可能性:一是转子为挠性转子;二是转子为刚性的,但支承为弹性支承;三是构成转子的零、部件随转速或温度而发生了移位或变形。

c)如果在降速至零转速过程中振动读数与以往降速过程的振动读数重复,可将转子再次升速至最高工作转速进行检测,如果读数重复不变,说明转子已稳定,此时需进一步通过转子的挠性试验加以判断是刚性或是挠性。如果降速至零转速过程中振动读数与以往降速过程的振动读数明显变化,那么反映了转子的不平衡量是在变化,此时转子一般无法被平衡校正至平衡允差范围内。

(3) 在转子的中央或者在预期能引起较大转子挠度的适当的轴向位置加一个试验质量块,启动转子,使其逐渐升速至最高工作转速。注意:在整个升速过程中对试验设备的支承座同样需要进行振动监测,必须保证支承座的振动不超过安全的允许范围。如果在此过程中发现振动读数值过大,可适当减小试验质量块的质量,以保证安全。

记录工作转速下相同测点处振动矢量(幅值以及同一个参考极坐标系的相位角),将此振动矢量减去上述(2)中所测得的相同转速下同一测点处的振动矢量,求得该试验质量块引起振动的效应矢量,记作 A。

停下转子并取下试验质量块,在靠近转子两端的两个径向平面内,与该质量块相同的相位角位置上各放置一个试验质量块,这两个质量块应与单个质量块所产生的准静不平衡量相同,且又不引起任何附加的偶不平衡量。启动转子,使其逐渐升速至最高工作转速,测量并记录振动矢量(幅值以及相对于同一个参考极坐标系的相位角),将此振动矢量减去上述(2)中所测得的相同转速下同一测点处的振动矢量,求得该两个试验质量块引起的振动效应矢量,记作 B。

(4) 计算与评定。如果 $|A-B|/|A|<0.2$,则对于平衡而言,该转子为刚性转子,应采用刚性转子的平衡方法;如果 $|A-B|/|A|\geqslant0.2$,则对于平衡而言,转子为挠性转子,应采用挠性转子的平衡方法。

1.5　转子的机械平衡

转子的机械平衡是一种检测并在必要时调整转子的质量分布,以保证其剩余的不平衡量,或由剩余不平衡量引起的振动、轴的动挠度和作用于轴承上的动压力被限制在所规定的允许范围内的工艺执行过程。它包括了两个工序或内容:检测和校正。检测就是将转子驱动至某一转速下,测试出存在于事先设定的径向平面(校正平面,也称平衡平面)内的等效不平衡量的大小及其相位角;校正就是根据测试的结果,采用金属加工工艺手段(如钻削、铣削、磨削、堆焊、镶嵌等等)将测出的等效不平衡量予以校正,使得剩余的不平衡量限制在技术条件规定的允许范围内。由于在检测和校正过程中不可避免地存在各种误差,因此平衡过程中的测试和校正常常需要反复多次,直至达到规定的技术要求。

转子经平衡后最后总会存在有不同形式的剩余不平衡量。为使转子平稳地运转,对刚性转子而言,平衡后的剩余不平衡量应不超过转子的技术条件所规定的允许值 U_{per},即转子的许用剩余不平衡量。有关刚性转子的许用剩余不平衡量的确定可参见国标《GB/T 9293.1—2006 机械振动　第一部分：恒态（刚性）转子平衡品质要求　规范与平衡允差的检验》。

　　对挠性转子而言，平衡后的剩余不衡量在不同转速下产生的振动值应小于某一标准振动值，详见国家标准《GB/T6557—2009 挠性转子机械平衡的方法和准则》。

　　平衡机作为转子进行机械平衡的检测装备，它主要用于测试转子存在于校正平面内的等效不平衡量的大小及其相位角。根据刚性转子和挠性转子的不同特点和要求，平衡机有两类，即通用平衡机和高速平衡机，前者适用于刚性转子和某些挠性转子的平衡测试，后者则适用于典型的挠性转子，如大型的汽轮机、发电机、涡轮发动机、离心泵等转子的平衡测试。

第 2 章 挠性转子的高速平衡

2.1 挠性转子的不平衡振动特性

2.1.1 挠性转子的无阻尼自由振动

挠性转子在旋转时由于不平衡离心力的作用将发生挠曲变形。为了对挠性转子不平衡振动特性有一个基本的认识,现以如图 2.1 所示的轴向单位长度质量为 m、两端简支的轴为例进行分析。

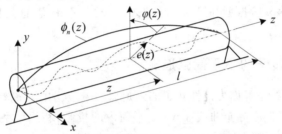

图 2.1 等截面挠性转子不平衡振动分析

设转轴在轴向上任意一点 z 处的动挠度为 $y(z,t)$,转轴沿轴向方向质量偏心和角度分布分别为 $e(z)$ 和 $\varphi(z)$,则转轴振动方程为

$$EI\frac{\partial^4 y(z,t)}{\partial z^4}+m\frac{\partial^2 y(z,t)}{\partial t^2}+c\frac{\partial y(z,t)}{\partial t}=m\omega^2 e(z)\cos[\omega t+\varphi(z)] \quad (2.1)$$

式中,EI 为轴的抗弯刚度;c 为阻尼系数。

为求挠性转子的无阻尼自由振动解,令 $c=0$ 和 $e(z)=0$,则有

$$EI\frac{\partial^4 y(z,t)}{\partial z^4}+m\frac{\partial^2 y(z,t)}{\partial t^2}=0 \quad (2.2)$$

式(2.2)的通解为

$$\begin{cases} y(z,t)=\sum_{n=1}^{\infty}D_n\phi_n(z)\cos(\omega_n t-\theta_n) \\ \omega_n=(n\pi)^2\sqrt{\dfrac{EI}{ml^4}}, \ n=1,2,\cdots \\ \phi_n(z)=\sin(\dfrac{n\pi}{l}z) \end{cases} \quad (2.3)$$

式中，D_n、θ_n 由初始条件决定。

由式(2.3)可以看出：

(1) 挠性转轴自由振动响应由无穷多个频率为 ω_n 的振动分量组成，ω_n 又称为固有频率。根据 ω_n 的大小，分别将其称为一阶固有频率、二阶固有频率等。ω_n 与 $\sqrt{EI}$ 成正比，与轴长 l^2 成反比。以汽轮发电机组为例，随着机组容量的不断增大，轴越来越细长，固有频率越来越低。很多机组在工作转速之下不仅出现了一阶临界转速，还出现了二阶临界转速，甚至三阶临转速。

(2) 第 n 阶自由振动响应的形状主要取决于 $\phi_n(z)$，因此 $\phi_n(z)$ 又称为第 n 阶振型函数。

不同阶振型函数之间具有正交性，即

$$\int_0^l \phi_n(z)\phi_m(z)\mathrm{d}z = \int_0^l \sin(\frac{n\pi z}{l})\sin(\frac{m\pi z}{l})\mathrm{d}z = \begin{cases} 0, & n \neq m \\ l/2, & n = m \end{cases} \quad (2.4)$$

式(2.4)表明，第 n 阶振型和第 m 阶振型($n\neq m$)互不干扰，这是振型函数的重要性质。

2.1.2 挠性转子的不平衡强迫振动

式(2.1)的稳态解称为挠性转子的强迫振动响应。由于 $e(z)\cos[\phi(z)]$ 可以看作是转轴质量偏心分布曲线在 y—z 平面内的投影，利用振型曲线正交性，可以将其按振型曲线展开为

$$\begin{cases} e(z)\cos[\varphi(z)] = \sum a_n\phi_n(z) \\ a_n = \dfrac{2}{l}\displaystyle\int_0^l e(z)\cos[\varphi(z)]\phi_n(z)\mathrm{d}z \end{cases} \quad (2.5)$$

将式(2.5)代入式(2.1)，经推导可得挠性转子在不平衡力作用下的强迫振动响应为

$$\begin{cases} y(z,t) = \displaystyle\sum_{n=1}^{\infty} A_n(z)\cos(\omega t - \theta_n) \\ A_n(z) = D_n\phi_n(z) = \dfrac{\omega^2 a_n\phi_n(z)}{\sqrt{(\omega_n^2 - \omega^2)^2 + 4\xi_n^2\omega_n^2\omega^2}} \\ \theta_n = \tan^{-1}\dfrac{2\xi_n\omega_n\omega}{\omega_n^2 - \omega^2}; \quad \xi_n = \dfrac{c}{2m\omega_n} \end{cases} \quad (2.6)$$

从式(2.6)可以看出：

(1) $\omega = \omega_n$ 时，因为阻尼 ξ_n 很小，$A_n(z) = \dfrac{a_n\phi_n(z)}{2\xi_n} \to \infty$，系统处于共振状态。$\omega_n$ 因此称为转轴第 n 阶固有频率，与该频率相对应的转速称为第 n 阶临界

转速。

（2）在一阶临界转速 ω_1 附近，一阶振型系数 D_1 很大，转子主要以一阶振型模式振动。在二阶临界转速 ω_2 附近，二阶振型系数 D_2 较大，转子主要以二阶振型模式振动。转速偏离某阶临界转速越远，该阶振型系数越小，对振动的影响越小，以致可以忽略。以大型汽轮发电机组为例，其工作转速通常小于三阶临界转速，并且距离三阶临界转速较远，振动分析时大多只需考虑前三阶振型的影响。

（3）挠性转子升速过程中将会通过多个临界转速。图 2.2(a) 给出了挠性转子升速过程幅频曲线。

（4）假设转子不平衡分布与 n 阶振型相同，即 $e(z)\cos[\varphi(z)]=q\phi_n(z)$，$q$ 为系数。由式(2.5)可知

$$
\begin{cases}
a_m = \dfrac{2}{l}\int_0^l e(z)\cos[\varphi(z)]\phi_m(z)\mathrm{d}s = \dfrac{2q}{l}\int_0^l \phi_n(z)\phi_m(z)\mathrm{d}s = \begin{cases} 0,\ n \neq m \\ q,\ n = m \end{cases} \\[4mm]
A_m(z) = \dfrac{\omega^2 a_m \phi_m(z)}{\sqrt{(\omega_m^2-\omega^2)^2 + 4\xi_m^2\omega_m^2\omega^2}} \begin{cases} = 0,\ n \neq m \\ \neq q,\ n = m \end{cases}
\end{cases}
$$

$$(2.7)$$

式(2.7)表明，n 阶振型模式的不平衡分布只会激发 n 阶振型模式的振动，不会激发其他振型模式的振动，相互之间没有干扰。因此平衡一阶振型振动时，必须施加一阶振型模式的配重，平衡二阶振型振动时，必须施加二阶振型模式的配重。这是挠性转子动平衡的理论基础。

（5）θ_n 是第 n 阶振动滞后于第 n 阶不平衡力的角度。对式(2.6)进行分析可以得到当 $\omega<\omega_n$ 时，$0°<\theta_n<90°$；当 $\omega=\omega_n$ 时，$\theta_n=90°$；当 $\omega>\omega_n$ 时，$90°<\theta_n<180°$。图 2.2(b) 给出了挠性转轴升速过程中相位随转速的变化情况。

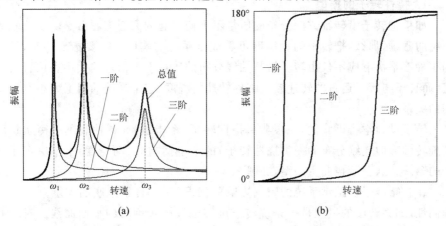

图 2.2　挠性转子升速过程中振动幅值和相位变化情况

2.2 挠性转子的高速平衡

2.2.1 挠性转子的平衡目标

挠性转子沿转子轴线方向上质量的不平衡量分布比刚性转子的不平衡量分布有着更重要的意义,因为它决定了转子动挠度的大小。由质量的不平衡分布所激发的动挠度随转子的转速而变,尤其是当转速接近或达到转子的临界转速时,这种变化尤为剧烈。这就导致挠性转子的平衡是个多校正平面和多转速的机械平衡。

挠性转子的平衡目标,除了如同刚性转子那样使由不平衡量引起的机器的振动和作用于轴承上的动压力减小到规定的允许值之外,还需要把转子的动挠度减小到规定的允许值范围内。其理想目标是:在每个微小轴段上对转子在该轴段的不平衡量逐一地进行校正,使得每个轴段的质心都处于旋转轴心上。然而,这种做法在技术上是不现实的,在经济上也是不合理的。实际上,通常只能在有限个校正平面上采用加重或去重的工艺办法,使其相应的振型不平衡量减小到规定的允许范围内。

无论采用什么样的平衡方法,最终的目的是合理地配置不平衡校正量,使得转子在升速、降速过程中(最高工作转速下的所有转速,有时包括超速转速),由不平衡产生的振动都小于标准值。

2.2.2 挠性转子的振型

1. 挠性转子的振型

如果把转子沿转轴方向分布的质量不平衡引起的离心力看做是转子—轴承系统的激励,那么,把转子的动挠度可看成是系统的响应。需要指出的是,转子的这种不平衡响应不仅由转子沿其轴线分布的质量不平衡量的大小和位置所决定,而且还与转子运行的转速接近临界转速的程度、整个系统的阻尼大小有着密切的关系。

转子动力学告诉我们,一根典型挠性转子(系指质量、弹性和不平衡质量沿其旋转轴方向连续分布的一类挠性转子)的不平衡响应(动挠度)主要决定于转子的第一、二、三阶挠曲主振型,如图 2.3 所示。

在忽略转子—轴承系统的阻尼影响的情况下,并且轴承座的支承刚度为各向同性,那么转子的振型是一条绕转子旋转轴线同步旋转的平面曲线。对于有阻尼的转子—轴承系统,转子的振型可能是一条旋转的空间曲线,如图 2.4 所示。不过,在很多阻尼不太大的情况下,有阻尼的转子振型可以近似地视为平面曲线。

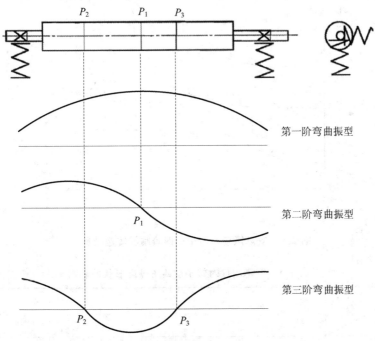

图 2.3　弹性支承上挠性转子的前三阶挠曲振型曲线

注:图中 P_1、P_2、P_3 为节点

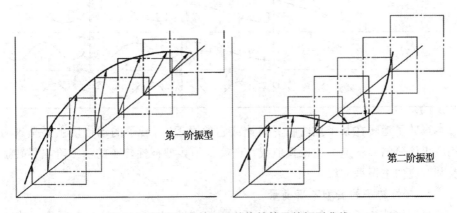

图 2.4　在有阻尼情况下的挠性转子的振型曲线

必须指出,轴承及其支承刚度和轴承的轴向位置对于转子的临界转速及其相应振型,以及动挠度有着很大的影响。图 2.5 为转子临界转速随支承刚度变

化的示意图。其中，c 为阻尼系数，E 为转子材料的弹性模量，I 为截面惯性矩，l 为转子轴长。表 2.1 给出了前四阶振型形状随支承刚度变化的情况。

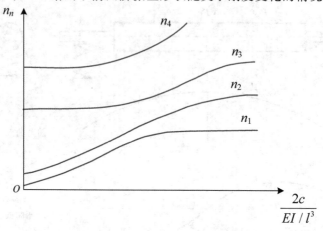

图 2.5　支承刚度对转子前四阶临界转速的影响

表 2.1　支承刚度对转子前四阶振型形状的影响

$\dfrac{2c}{EI/l^3}$ 振型	0	10^2	10^3	∞
$\phi_1(z)$				
$\phi_2(z)$				
$\phi_3(z)$				
$\phi_4(z)$				

当转子运转在某个挠曲临界转速或它的附近时，转子的动挠度主要呈现为相应于该阶临界转速的主振型曲线。图 2.6 为典型挠性转子的前三阶临界转速及其对应的主振型曲线。

2. 挠性转子的振型不平衡量

典型挠性转子沿其轴线分布的质量不平衡量也可以用振型不平衡量来表示。根据振型的正交原理，转子动挠度中的每个主振型仅是由相应的同阶振型不平衡量所激发。挠性转子的第 n 阶振型不平衡量只引发转子动挠度的第 n 阶主振型。因此，可以根据挠性转子的某一阶临界转速及其主振型曲线形状，在曲

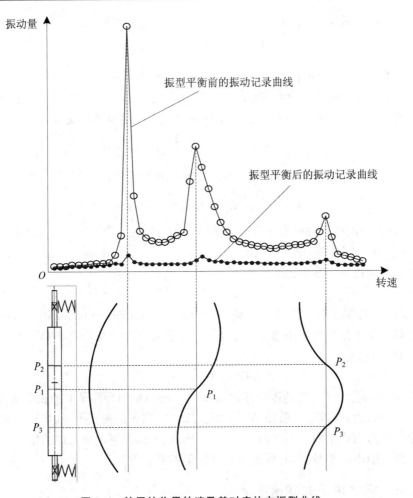

图 2.6　转子的临界转速及其对应的主振型曲线

线的波峰和波谷附近预先设置若干个平衡校正平面,并驱动转子至该临界转速附近的某个安全转速下,采取加试验质量块的办法,通过检测其轴颈的振动或作用在轴承座上的动压力,并经计算求得转子存在的相应阶的振型不平衡量,然后予以平衡校正。转子动挠度的相应阶振型分量就可以得以减小。如果将挠性转子振型不平衡量,包括最高工作转速所包含的前一、二、三阶振型分量逐阶平衡,那么,转子在达到其最高的工作转速范围内时,包括升速和降速过程,整个转子的动挠度及其振动都能得以减小,并将其控制在规定的允许范围内。

这里附上有关挠性转子振型函数及其振型不平衡量的相关术语:

(1) 振型函数$[\phi_n(z)]$(mode function)。描述构成转子挠曲形状的振型函数。

（2）模态质量（m_n）(mode mass)。是一个具有质量量纲的系数,表示为

$$m_n = \int_0^l \mu(z)\phi_n^2(z)\mathrm{d}z$$

式中,$\mu(z)$为转子单位长度的质量;l为转子的长度。

（3）第n阶振型不平衡量(nth model unbalance)。只对转子—支承系统挠曲曲线的第n阶主振型起作用的不平衡量。此不平衡量可用u_n来量度:

$$u_n = e_n\mu(z)\phi_n(z) = \frac{U_n}{m_n}\mu(z)\phi_n(z)$$

式中,e_n为第n阶振型偏心距;U_n为第n阶振型不平衡分量,可表示为

$$U_n = \int_0^l \mu(z)e(z)\phi_n(z)\mathrm{d}z = e_n m_n$$

式中,$e(z)$为沿转子轴向在z点处局部质量中心的偏心距。

（4）振型偏心距（第n阶振型）[mode eccentricity(nth mode)]。第n阶振型不平衡量除以第n阶模态质量的值。

$$e_n = U_n/m_n$$

（5）等效第n阶振型不平衡量(equivaient nth mode unbalance)。对挠曲曲线的第n阶主振型的作用效果相当于第n阶振型不平衡量的最小单一不平衡量U_{ne}。U_{ne}应满足

$$U_n = U_{ne}\phi_n(z_e)$$

式中,$\phi_n(z_e)$为$z=z_e$处的振型函数值;z_e为施加U_{ne}的径向平面的轴向坐标。

一般来说,等效第n阶振型不平衡量除影响第n阶振型外,还影响其他某些振型。在适当数量的校正平面上,按一定比例分布,以影响所考虑的第n阶振型分布的一组不平衡量,称为等效第n阶振型不平衡量。

2.2.3 挠性转子的高速平衡

上述挠性转子的振型理论为挠性转子的平衡指出了方向。亦即挠性转子的平衡可以逐阶地将转子驱动到它的第一、二、三……阶临界转速附近,测试出相应的振型不平衡量的大小和相位角,然后通过多个校正平面进行平衡校正,从而减小转子相应动挠度的各振型分量,直至到达规定的允许值范围内。由于转子的最高工作转速是给定的,因此,挠性转子的机械平衡最终是通过对其最高工作转速所包含的第一、二、三阶振型的平衡检测及校正,使得转子经历在到达最高工作转速过程中的所有转速,包括启动升速和降速过程,从而使转子引起的机器振动、作用在轴承座上的动反力和动挠度都小于规定的允许值。为此,转子需要设置多个校正平面,而且还要在一个或多个临界转速附近进行振型不平衡量的测试及校正,有时甚至还需要考虑在转子的最高工作转速下所受到的更高阶振

型不平衡量的影响，必要时还要对更高阶的振型不平衡量进行平衡校正。

1. 校正平面的设置

挠性转子的高速平衡，首先是测试出转子存在于预先设置的校正平面上的等效不平衡量，然后采用某些便捷的工艺方法进行加重或去重，以减小不平衡量，达到平衡校正的要求。对于挠性转子的高速平衡，其校正平面的设置（数量及其轴向位置）必须根据其振型曲线的特征来进行。

（1）校正平面的数量。一般而言，如果转子的最高工作转速超过它的第 n 阶临界转速，其第 n 阶主振型曲线的波峰和波谷数目也为 n 个，为此，在对该振型进行平衡时至少需要 n 个校正平面。例如，一阶振型曲线呈弓形，通常在曲线的中央处设置一个校正平面。二阶曲线呈 S 形，通常在曲线的波峰和波谷附近各设置一个校正平面。另外，有时转子在做高速平衡之前，要求在低于其第一临界转速的 $20\%\sim30\%$ 下做低速平衡，此时，转子应按刚性特点和要求做双面平衡，且该两个平衡校正平面通常都设置在左右两轴承座附近。为了在做振型平衡后不破坏已经平衡好的低速平衡状态，此时需要设置 $(n+2)$ 个平面。图 2.7 所示为挠性转子平衡校正平面的配置示意简图。

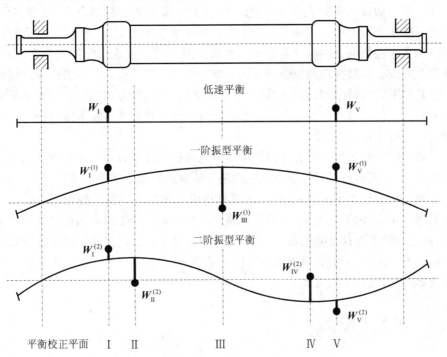

图 2.7　挠性转子平衡校正平面的配置示意简图

（2）校正平面的轴向位置。在进行第 n 阶振型平衡时，n 个校正平面的轴向位置应根据转子的 n 振型曲线形状加以设置。通常都设置在该振型曲线的波峰和波谷附近。这种设置方法可以使得加上或去除的校正量小，而平衡的效果大。如果不恰当地把校正平面设置在该振型曲线的节点处，则在这些平面上施加校正量，对转子不起平衡校正的作用或者平衡校正效果很小。

2. 平衡转速的选择

挠性转子的高速平衡也称多速平衡，因为它需要在多个不同的转速下进行振型不平衡量的测试。对最高工作转速下有两个临界转速的转子而言，首先需要先做低速平衡，即在低于转子的第一阶挠曲临界转速的 20%～30% 下的某个转速，按刚性转子的特点和要求进行低速双面平衡。然后，做转子的第一阶振型平衡，即在靠近转子的第一阶挠曲临界转速的某个安全转速下（一般取该临界转速的 90% 左右），测试转子的第一阶振型不平衡量的响应，计算出相应平衡校正平面上的校正量，并做平衡校正。待剩余的一阶振型不平衡量减小至规定的允许值后，将转子升速至它的第二阶挠曲临界转速的某个安全转速下（一般取该临界转速的 90% 左右），测试转子的第二阶振型不平衡量的响应，计算出相应平衡校正平面上的校正量的量值及其相位角，并做平衡校正。待剩余的二阶振型不平衡量减小至规定的允许值后，可将转子升速至它的最高工作转速，再检测转子—轴承座的振动，此时，如若振动的幅值已经达到了规定的允许值范围，则平衡即告完成。如果振动的幅值尚未达到规定的允许值范围，那么，需要继续在此工作转速下，测试转子的第三阶振型不平衡量的响应，计算出相应平衡校正平面上的校正量的量值及其相位角，并做平衡校正，直至使转子—轴承座的振动达到规定的允许值范围内。

如果转子的最高工作转速高于第三阶挠曲临界转速，这时，在完成第二阶振型平衡后，需要将转子升速至靠近它的第三阶临界转速的某个安全转速下，测试转子的三阶振型不平衡量的响应，计算出相应平衡校正平面上的校正量的量值及其相位角，并做平衡校正，将剩余的第三阶振型不平衡量减小至规定的允许值后，最后将转子升速至它的最高工作转速，检测转子在最高工作转速下的剩余高阶振型不平衡量，如有必要继续进行振型平衡校正，直至转子—轴承座的振动小于规定的允许值，平衡完成。

2.3　振型平衡法

本节将介绍典型挠性转子高速平衡的一种最基本的方法，它完全建立在挠性转子的振型理论基础之上，因此称为振型平衡法。它能合理、有效地把转子引起的机器振动、作用在轴承上的动压力及转子的挠曲变形减小到规定的允许值范围内。

2.3.1　不平衡校正的计算

在高速平衡中,往往通过测试试加质量组(块)效应来计算不平衡量。其基本思路是:在选定的平衡转速下,通过在校正面加上试加质量组(块)求出试加质量组(块)对振动的影响系数,根据该影响系数求出应该施加的校正质量组(块)。具体步骤如下:

(1) 测量转子在某转速下的原始振动 A。

(2) 在转子某校正面加上试加质量组(块)T 后,测量在同一转速同一测点上的振动 B。

(3) 计算试加质量组(块)对振动的影响系数:

$$a = \frac{B - A}{T} \tag{2.8}$$

(4) 计算转子在校正面上应加的校正质量组(块)W:

$$aW + A = 0 \tag{2.9}$$

式(2.9)的物理含义是:校正质量组(块)W 所引起的振动变化 aW 应能抵消原始振动 A。由此可求出

$$W = -\frac{A}{B - A}T \tag{2.10}$$

由式(2.10)可知,校正质量组(块)W 的大小等于试加质量组(块)T 的大小乘以原始振动 A 的大小与 $B - A$ 的大小之比,即

$$|W| = \frac{|A|}{|B - A|} \times |T| \tag{2.11}$$

校正质量组(块)W 的相角等于试加质量组(块)T 的相角加上原始振动 A 与 $B - A$ 的相角之差,再加上 $180°$,即

$$\angle W = \angle T + \angle A - \angle(B - A) + 180° \tag{2.12}$$

校正质量组(块)W 还可通过矢量作图求出,如图 2.8 所示。具体步骤为:用直尺分别量出 A 与 $B - A$ 的长度,求出两者之比,该比值乘以试加质量组(块)大小就得到了校正质量组(块)的大小;校正质量组(块)的相角为试加质量组(块)T 的相角加上或减去图中的 α 角,即 α 角的转向与测量仪上极坐标方向相同时,则在试加质量组 T 的相角上加上 α 角;α 角的转向与测量仪上极坐标方向相反时,则在试加质量 T 的相角上减去 α 角。

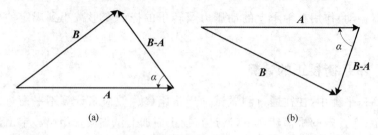

图 2.8　不平衡校正计算的矢量图

2.3.2　振型平衡法的步骤

振型平衡法的具体操作步骤如下：

（1）初始低速平衡。在转子做高速平衡之前进行低速平衡（即在低于转子第一阶临界转速的 20%～30% 的转速下，转子被视为刚性转子，按照同类型刚性转子的平衡要求及其方法做平衡测试和校正）。经验表明，它对于仅受第一阶挠曲振型明显影响的转子非常有利。

对于某些挠性转子，初始低速平衡可以不做。

（2）驱动转子在某个或某些合适的低转速下运转一段时间，例如 20～30min，使转子的旋转轴得以矫直，此运转被称做动态矫直。

（3）将转子驱动至靠近第一阶挠曲临界转速的某个安全转速，它被称之为第一阶振型平衡转速。测量并记录在运转稳态下所测得的与转速同频率的振动（幅值及相位角相同）。

（4）在转子的第一阶挠曲振型曲线的波峰附近的径向平面上（通常是在转子的轴承跨度的中央处）放置一组试加质量，试加质量组的质量大小的选择应能明显改变步骤（3）所测得的相同转速下的振动读数。

如果已完成了低速平衡，试加质量组（块）通常由位于三个不同轴向位置的校正平面上的试加质量组成，此时这三个质量应成比例，使之不破坏已完成的低速平衡。

（5）将转子驱动并升速至与步骤（3）中相同的试验转速，并在相同的工况条件下，测量并记录振动（幅值及相位角）。

（6）由步骤（3）和（5）测得的两个矢量，利用上一节介绍的不平衡校正计算方法计算在第一阶振型平衡转速时试加质量组（块）的影响系数，进而计算出一组校正质量组（块）的量值及相位角，用以减小转子第一阶挠曲振型的挠度。据此数据对转子进行平衡校正作业。

转子经平衡校正后，应能升速通过第一阶挠曲临界转速而振动达到规定的允许范围。如果振动尚未达到规定的允许范围,则可改变校正质量组(块)或重新选择尽可能靠近第一阶挠曲临界转速的某个新的试验转速,重复上述步骤(3)～(6)的操作。

(7) 将转子升速至靠近第二阶挠曲临界转速的某个安全转速,它被称之为第二阶振型平衡转速。测量并记录在运转稳态下所测得的与转速同频率的振动的量值。

(8) 在转子的第二阶挠曲振型曲线的波峰和波谷附近的径向平面上各放置一组试加质量,试加质量组(块)的质量大小的选择应能明显改变上述步骤(7)所测得的相同转速下的振动读数。

如果已完成了低速平衡,试加质量组(块)通常由位于 4 个不同轴向位置的校正平面上的试加质量组成,此时,这 4 个质量应成比例,使之不破坏已完成的低速平衡。

(9) 将转子驱动并升速至与步骤(7)中相同的试验转速,并在相同的工况条件下,测量并记录振动(幅值及相位角)。

(10) 由步骤(7)和(9)测得的两个矢量,利用上一节介绍的不平衡校正计算方法计算在第二阶振型平衡转速时的试加质量组(块)的效应,进而计算出一组校正质量组(块)的量值及相位角,用以减小转子第二阶挠曲振型的挠度。据此数据对转子进行平衡校正作业。

转子经平衡校正后,转子应能升速通过第二阶挠曲临界转速而振动达到规定的允许范围。如果振动尚未达到规定的允许范围,改变校正质量组(块)或重新选择尽可能靠近第二阶挠曲临界转速的某个新的试验转速,重复上述步骤(7)～(10)的操作。

(11) 继续对转子最高工作转速之内所含的高阶振型进行平衡,即依次在靠近每个高阶挠曲临界转速的振型平衡转速下,继续上述操作,将其振动减小到允许的限制值范围内。如果在最高工作转速所含的高阶振型都经平衡校正后,当转子升速至最高工作转速时,仍发现有明显的振动或力,则就在最高工作转速下,按振型平衡方法对更高阶振型进行平衡及其校正,使得振动减小至规定的允许范围内。

到此,转子的高速平衡即告完成。

上述介绍的典型挠性转子的振型平衡法,也是挠性转子高速平衡最基本的原理方法。在此基础上,人们根据具体的转子和条件,创造和派生出多种卓有成效的平衡方法,例如影响系数法,以及振型与影响系数组合平衡法,等等。目前,已有不少版本的适用于挠性转子的计算机辅助高速平衡软件包,可供选择和参考。

必须指出,上述转子的高速平衡法适用于整体结构的挠性转子,即其质量、弹性和不平衡量都沿转轴连续分布的挠性转子，如大型汽轮机转子、发电机转子等。至于其他不同结构的挠性转子，需要结合转子的具体机械结构和力学特征、工作要求、平衡现场的设备条件，选择其他行之有效的平衡方法。

有关挠性转子的平衡允差及其评定准则可以参见国家标准《GB/T 6557—2009 挠性转子机械平衡的方法和准则》。

2.4 影响系数平衡法

与刚性转子平衡不同的是，挠性转子在一个转速下平衡好后，在其他转速下未必就是平衡的。因此挠性转子平衡时要同时兼顾多转速（例如临界转速和工作转速）下的振动，将不同转速下各个测点的振动视为一个整体综合考虑，以达到最优效果。

影响系数平衡法是一种建立在线性振动理论基础之上的平衡方法，它包含两个假设：不平衡的振动响应与不平衡质量成正比；不同校正面上配重的不平衡响应应满足线性叠加原理。影响系数平衡法把平衡问题视为一个简单的矛盾方程组的求解问题，本质上是一种数学计算方法。该方法原理简单，对振动机理和转子动力特性认识的要求不高，平衡方法容易被接受。

挠性转子影响系数平衡方法的基本步骤如下：

（1）选择 m 个校正平面，考虑 l 个测点在 q 个转速的振动，测点总数 $n=l\times q$。

（2）在平面 i 上试加试验质量组（块），求出该平面加重对各测点 j 的影响系数 a_{ji}，建立影响系数矩阵

$$
\boldsymbol{A}=\begin{bmatrix} a_{11} & a_{12} & \cdots & a_{1m} \\ a_{21} & a_{22} & \cdots & a_{2m} \\ \vdots & & & \vdots \\ a_{n1} & a_{n2} & \cdots & a_{nm} \end{bmatrix} \tag{2.13}
$$

（3）计算平衡校正方案。校正平面施加的校正质量组（块）$\boldsymbol{q}_i$ 所引起的测点 j 振动变化量 $\boldsymbol{q}_i\boldsymbol{a}_{ji}$ 之和应该能够抵消该测点原始振动 $\boldsymbol{x}_j$，即

$$
\begin{bmatrix} a_{11} & a_{12} & \cdots & a_{1m} \\ a_{21} & a_{22} & \cdots & a_{2m} \\ \vdots & \vdots & \vdots & \vdots \\ a_{n1} & a_{n2} & \cdots & a_{nm} \end{bmatrix}\begin{bmatrix} \boldsymbol{q}_1 \\ \boldsymbol{q}_2 \\ \vdots \\ \boldsymbol{q}_n \end{bmatrix}+\begin{bmatrix} \boldsymbol{x}_1 \\ \boldsymbol{x}_2 \\ \vdots \\ \boldsymbol{x}_n \end{bmatrix}=\begin{bmatrix} 0 \\ 0 \\ \vdots \\ 0 \end{bmatrix} \tag{2.14}
$$

或写成

$$
\boldsymbol{AQ}+\boldsymbol{X}=0 \tag{2.15}
$$

如果测点数与校正面数相等，只要矩阵 $\boldsymbol{A}$ 的行列式值不等于 0，方程组有唯

一解,就可以求出各平面加重。

在通常情况下,校正面数总是比测点数少,即 $n > m$,式(2.15)为矛盾方程组,不可能找到一组校正质量使各测点振动同时为零,只能使施加校正质量组(块)后的残余振动 δ_i 的幅值

$$\boldsymbol{\delta}_i = \Big| \sum_{j=1}^{m} \boldsymbol{a}_{ij} \boldsymbol{q}_j + \boldsymbol{x}_i \Big| \quad (i = 1, 2, \cdots n) \tag{2.16}$$

的总和最小。式(2.15)矛盾方程组可以采用最小二乘法或加权最小二乘法求解。采用最小二乘法求解的表达式为

$$\boldsymbol{Q} = -(\boldsymbol{A}^{\mathrm{T}} \boldsymbol{A})^{-1} \boldsymbol{A}^{\mathrm{T}} \boldsymbol{X} \tag{2.17}$$

挠性转子影响系数平衡方法理论上可以适用于多个校正平面、多个测点,实际使用时,受影响系数传递误差等多方面因素的影响,校正平面数和测点数很少超过 4 个。

计算示例:某挠性转子进行高速平衡试验,测得的数据如表 2.2 所示。这里 $m=3, l=2, q=2$,因此 $n=4$。具体计算过程如下:

表 2.2　影响系数法高速平衡试验测试数据

试加量/g	试验转速/(r/min)	左支承座振动/(mm/s)	右支承座振动/(mm/s)
原始振动	1 750	0.76∠224°	0.86∠214°
	2 950	0.97∠333°	0.85∠135°
校正面Ⅰ加量 168∠270°	1 750	0.62∠249°	0.56∠229°
	2 950	1.25∠320°	1.40∠120°
校正面Ⅱ加量 168∠270°	1 750	0.5∠276°	0.45∠258°
	2 950	1.00∠345°	1.23∠115°
校正面Ⅲ加量 168∠270°	1 750	0.50∠255°	0.65∠240°
	2 950	0.78∠9°	0.47∠188°

(1)将测试数据表示为矩阵形式。原始振动表示为

$$\boldsymbol{X} = \begin{bmatrix} 0.76\angle 224° \\ 0.86\angle 214° \\ 0.97\angle 333° \\ 0.85\angle 135° \end{bmatrix}$$

试验质量组表示为

$$\boldsymbol{T} = \begin{bmatrix} \boldsymbol{T}_{\mathrm{I}} & \boldsymbol{T}_{\mathrm{II}} & \boldsymbol{T}_{\mathrm{III}} \end{bmatrix} = \begin{bmatrix} 168\angle 270° & 168\angle 270° & 168\angle 270° \end{bmatrix}$$

试加试验质量组后的测试结果表示为

$$U = \begin{bmatrix} U_{\mathrm{I}} & U_{\mathrm{II}} & U_{\mathrm{III}} \end{bmatrix} = \begin{bmatrix} 0.62\angle249° & 0.5\angle276° & 0.50\angle255° \\ 0.56\angle229° & 0.45\angle258° & 0.65\angle240° \\ 1.25\angle320° & 1.00\angle345° & 0.78\angle9° \\ 1.40\angle120° & 1.23\angle115° & 0.47\angle188° \end{bmatrix}$$

（2）计算影响系数矩阵。影响系数矩阵为

$$A = \begin{bmatrix} \dfrac{U_{\mathrm{I}}-X}{T_{\mathrm{I}}} & \dfrac{U_{\mathrm{II}}-X}{T_{\mathrm{II}}} & \dfrac{U_{\mathrm{III}}-X}{T_{\mathrm{III}}} \end{bmatrix}$$

$$= 10^{-3} \times \begin{bmatrix} 0.302\,9+\mathrm{i}1.931\,6 & -0.182\,6+\mathrm{i}3.565\,3 & -0.267\,7+\mathrm{i}2.483\,9 \\ -0.346\,8+\mathrm{i}2.057\,0 & -0.242\,5+\mathrm{i}3.687\,0 & 0.488\,2+\mathrm{i}2.309\,4 \\ 2.161\,4+\mathrm{i}0.555\,2 & -1.080\,7+\mathrm{i}0.605\,1 & -3.347\,6-\mathrm{i}0.558\,8 \\ -3.639\,3-\mathrm{i}0.589\,0 & -3.057\,8+\mathrm{i}0.483\,5 & 3.967\,0+\mathrm{i}0.807\,2 \end{bmatrix}$$

（3）计算平衡校正方案。由式（2.17）可得

$$Q = \begin{bmatrix} -81.10-\mathrm{i}152.62 \\ 106.11+\mathrm{i}89.62 \\ 136.32-\mathrm{i}273.99 \end{bmatrix} = \begin{bmatrix} 172.8\mathrm{g}\angle242° \\ 138.9\mathrm{g}\angle40° \\ 306.0\mathrm{g}\angle296° \end{bmatrix}$$

2.5 谐分量平衡法

2.5.1 谐分量法平衡法的步骤

从图2.3可以看出，在一阶振型下，转子两端的振动大小基本相等，而相位相同，转子振动呈现对称分布；在二阶振型下，转子两端振动大小基本相等，而相位相反，转子振动呈现反对称分布。如果将选定平衡转速下的振动分解为对称和反对称分量，不考虑三阶振型的影响，根据振型正交性特点可以认为，对称和反对称振动分量分别对应着一阶和二阶振型。谐分量法的出发点是，对称振动分量是由于一阶振型的不平衡分布引起的，反对称振动分量是由于二阶形式的不平衡分布引起的，相互之间没有干扰。如果在转子上施加对称形式的质量组，就可以消除一阶振型的振动。如果施加反对称形式的质量组，就可以消除二阶振型的振动。

谐分量法的基本步骤如下：

（1）启动转子至平衡转速，测量两端轴承原始振动 A_0、B_0，将其分解为对称 A_{d0} 和反对称分量 A_{f0}：

$$\begin{cases} \boldsymbol{A}_{d0} = \dfrac{\boldsymbol{A}_0 + \boldsymbol{B}_0}{2} \\[3mm] \boldsymbol{A}_{f0} = \dfrac{\boldsymbol{A}_0 - \boldsymbol{B}_0}{2} \end{cases} \tag{2.18}$$

（2）在选定的两个校正面上同时加上试加质量组 $\boldsymbol{P}_A$、$\boldsymbol{P}_B$，将其分解为对称和反对称分量：

$$\begin{cases} \boldsymbol{P}_d = \dfrac{\boldsymbol{P}_A + \boldsymbol{P}_B}{2} \\[3mm] \boldsymbol{P}_f = \dfrac{\boldsymbol{P}_A - \boldsymbol{P}_B}{2} \end{cases} \tag{2.19}$$

（3）测量加上试加质量组后的振动 $\boldsymbol{A}_1$、$\boldsymbol{B}_1$，将其分解为对称和反对称分量：

$$\begin{cases} \boldsymbol{A}_{d1} = \dfrac{\boldsymbol{A}_1 + \boldsymbol{B}_1}{2} \\[3mm] \boldsymbol{A}_{f1} = \dfrac{\boldsymbol{A}_1 - \boldsymbol{B}_1}{2} \end{cases} \tag{2.20}$$

（4）谐分量法认为，加上试加质量组前后对称振动分量的变化是由于对称试加质量组引起的，反对称振动分量的变化是由于反对称试加质量组引起的。据此可以分别计算对称和反对称试加质量组的影响系数：

$$\begin{cases} \boldsymbol{a}_d = \dfrac{\boldsymbol{A}_{d1} - \boldsymbol{A}_{d0}}{\boldsymbol{P}_d} \\[3mm] \boldsymbol{a}_f = \dfrac{\boldsymbol{A}_{f1} - \boldsymbol{A}_{f0}}{\boldsymbol{P}_f} \end{cases} \tag{2.21}$$

（5）根据对称和反对称影响系数，分别计算对称校正质量组分量 $\boldsymbol{Q}_d$ 和反对称校正质量组分量 $\boldsymbol{Q}_f$：

$$\begin{cases} \boldsymbol{Q}_d = - \dfrac{\boldsymbol{A}_{d0}}{\boldsymbol{a}_d} \\[3mm] \boldsymbol{Q}_f = - \dfrac{\boldsymbol{B}_{d0}}{\boldsymbol{a}_f} \end{cases} \tag{2.22}$$

（6）将对称和反对称校正质量组在两个平面上合成，得到两个平面上的校正质量组：

$$\begin{cases} \boldsymbol{Q}_A = \boldsymbol{Q}_d + \boldsymbol{Q}_f \\[2mm] \boldsymbol{Q}_B = \boldsymbol{Q}_d - \boldsymbol{Q}_f \end{cases} \tag{2.23}$$

计算示例：某挠性转子进行高速平衡试验，测得的数据如表 2.3 所示。谐分量法的具体计算过程如下：

表 2.3 谐分量法高速平衡试验测试数据

试加量/g	左支承座振动/μm	右支承座振动/μm
原始振动	$80\angle 345°$	$20\angle 215°$
校正面Ⅰ加量 $680\angle 99°$ 校正面Ⅱ加量 $259\angle 17°$	$25\angle 225°$	$20\angle 27°$

（1）原始振动对称和反对称分量为

$$\begin{cases} \boldsymbol{A}_{d0} = (80\angle 345° + 20\angle 215°)/2 = 34\mu m\angle 332° \\ \boldsymbol{A}_{f0} = (80\angle 345° - 20\angle 215°)/2 = 47\mu m\angle 354° \end{cases}$$

（2）试加质量对称和反对称分量为

$$\begin{cases} \boldsymbol{P}_d = (680\angle 99° + 259\angle 17°)/2 = 380g\angle 79° \\ \boldsymbol{P}_f = (680\angle 99° - 259\angle 17°)/2 = 347g\angle 120° \end{cases}$$

（3）加上试加质量后的振动对称和反对称分量为

$$\begin{cases} \boldsymbol{A}_{d1} = (25\angle 225° + 20\angle 27°)/2 = 4\mu m\angle 270° \\ \boldsymbol{A}_{f1} = (25\angle 225° - 20\angle 27°)/2 = 22\mu m\angle 217° \end{cases}$$

（4）计算对称和反对称试加质量的影响系数，得到

$$\begin{cases} a_d = \dfrac{\boldsymbol{A}_{d1} - \boldsymbol{A}_{d0}}{\boldsymbol{P}_d} = 0.084\angle 79°(\mu m\angle °/g\angle °) \\ a_f = \dfrac{\boldsymbol{A}_{f1} - \boldsymbol{A}_{f0}}{\boldsymbol{P}_f} = 0.187\angle 67°(\mu m\angle °/g\angle °) \end{cases}$$

（5）计算对称校正质量分量和反对称校正质量分量,得到

$$\begin{cases} \boldsymbol{Q}_d = -\dfrac{\boldsymbol{A}_{d0}}{a_d} = 402g\angle 73° \\ \boldsymbol{Q}_f = -\dfrac{\boldsymbol{B}_{d0}}{a_f} = 250g\angle 107° \end{cases}$$

（6）将对称和反对称校正质量分量在两个平面上合成,得到两个平面上的校正质量：

$$\begin{cases} \boldsymbol{Q}_A = \boldsymbol{Q}_d + \boldsymbol{Q}_f = 624g\angle 86° \\ \boldsymbol{Q}_B = \boldsymbol{Q}_d - \boldsymbol{Q}_f = 242g\angle 37° \end{cases}$$

2.5.2 影响系数平衡法与谐分量平衡法的比较

（1）影响系数平衡法把平衡问题视为一个简单的矛盾方程组的求解问题。该方法不涉及转子振动机理和转子动力学特性。谐分量平衡法建立在挠性转子动力特性分析的基础上,如果要使用得好,则需要对转子动力特性有一个比较深入的认识。

（2）影响系数平衡法所需要的机组启停次数较多。以双平面平衡为例，为了获得两个平面上的加重影响系数，需要在两个平面上分别进行加重试验，机组至少需要启停 2 次。谐分量平衡法可以在两个平面上同时加重，一次加重即可获得动平衡计算所需要的影响系数。与影响系数平衡法相比，谐分量平衡法至少可以减少一次开机。对于大型旋转机械而言，机组启停一次的经济代价较大。动平衡试验应该追求用最少的开机次数取得最好的效果。

（3）采用影响系数平衡法进行平衡试验时，试加质量试验一般需要逐个平面进行。工程实践表明，单平面试加质量有时很难同时兼顾转子两端的振动以及转子临界转速和工作转速下的振动，经常会出现所谓的"跷跷板"现象，即一个测点（或转速下）振动减小了，但另一个测点（或转速下）振动增大了。有时也会出现虽然振动有所减小，但平衡总体效果不是很满意的情况。谐分量平衡法在大多数情况下是两个平面同时施加质量组，可以同时兼顾多工况、多测点振动。

（4）由于谐分量平衡法建立在转子动力特性分析基础上，试加质量方案的确定具有理论依据。因此，有经验的技术人员采用谐分量平衡法经常可以实现平衡试验的一次加准，大大减少开机次数。采用影响系数平衡法进行平衡试验时，除非已有较准确的影响系数，不然在大多数情况下，试加质量方案的确定依据不足。

（5）转子两端支撑动力特性差异、对称和反对称分量的相互干扰等因素对谐分量平衡法准确性的影响较大。使用谐分量平衡法之前，需要对这些影响因素加以分析和排除。影响系数平衡法简单，干扰因素比较少，但是跨转子试加质量的影响系数误差很大，此时影响系数法一定要慎用。

第3章 高速平衡机机械结构的设计与分析

高速平衡机是在挠性转子平衡的基础上发展起来的,它除了具有低速平衡机的功能外,必须满足转子高速平衡试验、转子超速试验及转子动力学研究测试等要求。与高速平衡机相比较而言,低速平衡机仅需对刚性转子进行振动测量,应用理论力学进行分析解算即可准确地得到两个校正平面的不平衡校正量。高速平衡机的平衡转速或超速转速都比较高,每分钟可达上万转。转速增高,转子离心力相应迅速增大,再则高转速下大多数转子已呈现一阶或二阶振型,转子的挠曲变形使机械支承座同时承受巨大的离心力和惯性力的作用。此时用理论力学方法就无法解决系统的大振动问题,而必须基于弹性力学的原理,采用多平面的影响系数平衡法或振型平衡法,借助计算机解算出各个校正面上的配重大小及位置,通过平衡工艺使转子在工作转速下的振动得到明显减小。因此,对高速平衡机的机械结构及电气测量系统均有特殊的要求。

3.1 机械支承座

高速平衡机的主要机械结构为机械支承座,其外形结构如图 3.1 所示。在工程实践中,机械支承座也被称为摆架 *。高速平衡机的机械支承座较低速通用平衡机的机械支承座要复杂得多。

机械支承座用来支承被平衡的转子,其轴承将在转子的不平衡离心力作用下做机械强迫振动。高速平衡机的机械支承座结构与一般的软、硬支承型平衡机的支承座有很大的差别。高速平衡机的机械支承座的轴承由 4 根矩形截面的弹性支承杆支承,每根弹性支承杆轴线与铅垂线成 45°。4 根弹性支承杆两两对称地安装于轴承中心的左右两侧,呈人字形,并都处于同一个轴承平面内。支承座的这种结构形式保证了轴承在其径向方向上具有相等的支承刚度,称之为各向同性支承座。这是区别于通用平衡机机械支承座结构的最大特点。

---

　　* "摆架"一词来源于低速平衡机的软支承支架。软支承支架往往采用悬挂式摆动支架,因此简称摆架。

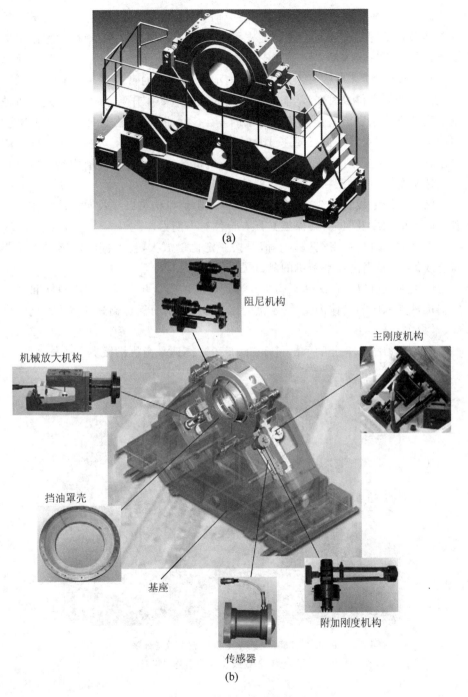

(a)

(b)

图 3.1　机械支承座结构简图

　　附加刚度机构是机械支承座附设的辅助支承装置,它主要由辅助支承杆组成。辅助支承杆的位置与上述弹性支承杆相平行,通过液压夹紧机构控制辅助支承作用与否。当辅助支承杆起支承作用时,机械支承座的支承刚度值将比原有支承刚度值增加 50%～80%。增大轴承支承刚度的目的在于使转子—轴承系统的共振频率得以改变,从而当转子在进行高速平衡升降速时,通过改变机械支承座的支承刚度值以避免共振现象的发生。因此,辅助支承杆也称为变刚度机构。另外,在对转子进行超速试验时,可以通过增加机械支承座支承刚度值的办法,使轴承的振幅减小。可见,高速平衡机机械支承座的这种结构完全适应转子低速平衡、高速平衡和超速试验的特点和要求。

　　轴承外缘上设置的 3 个轴向刚度机构及阻尼机构可以有效增加轴承在其主轴方向上的刚度及阻尼,并保证其具有自位对中能力。

　　机械放大机构可将机械振动信号按一定比例放大,使得振动传感器更易获得有效信号,提高高速平衡机的测试灵敏度。

　　L 型导轨可以保证高速平衡机高速运转时的安全与可靠。利用斜楔和螺栓实现机械支承座与筒体内 L 型导轨的刚性联接,从而保证高速平衡机安全、可靠、平稳地运行。

　　图 3.2 和图 3.3 分别示出了 250t 和 100t 高速平衡机机械支承座外形图。

图 3.2　250t 高速平衡机机械支承座外形
(2004 年,上海辛克试验机有限公司设计)

图 3.3　100t 高速平衡机机械支承座外形
（2007 年，上海辛克试验机有限公司设计）

3.2　机械支承座的设计原则

高速平衡机的机械支承座不仅要支承一定质量的转子做高速旋转，还要正确、可靠地将不平衡振动信号传递到电测单元上，经电测单元处理后将转子不平衡（或振动）的量值大小和相角位置显示出来。因此在设计机械支承座时，应满足上述要求。

3.2.1　机械支承座径向支承刚度的设计及参数确定原则

在设计机械支承座时应注意轴承座的支承方式，采用不同的支承方式，将会直接影响平衡机的使用性能。图 3.4 所示为两种支承方式的示意图，其中，图 3.4(a) 采用两根弹性杆垂直支承方式，图 3.4(b) 采用两根弹性杆与轴承中心线呈 45° 方向支承方式。

如图 3.4(a) 所示，弹性杆水平方向的刚度和垂直方向的刚度不同，且水平方向的刚度远远低于垂直方向的刚度。这就使得机械支承座的支承刚度在径向的不同方向上是不同的，且在径向水平方向的支承刚度最低，在径向垂直方向最大。因此，当机械支承座在支承转子旋转，轴承座受到由转子不平衡产生的离心力的作用时，轴承中心 O 点的振动位移在径向各个方向是不同的。也正因为机械支

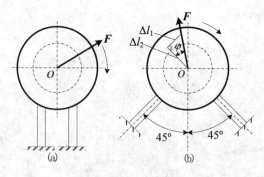

图 3.4　弹性杆对轴承座的不同支承方式

（a）弹性杆垂直方向支承；（b）弹性杆与轴承中心线呈 45°方向支承

承座的支承刚度在径向的不同方向上是不同的,使得机械支承座在工作时存在多个共振频率,其第一阶共振频率的大小主要决定于弹性杆在水平方向的刚度。

　　弹性杆垂直方向支承的支承方式一般适用于低转速的平衡机,转子-轴承系统的振动响应曲线形式如图 3.5 所示。图中,n 为转速(r/min),A 表示轴承座中心的振动位移(振幅),n_1 为转子的水平方向第一阶弯曲临界转速,n_2 为转子的垂直方向第一阶弯曲临界转速。低速平衡机的平衡转速范围一般取 $n_{平衡} \leqslant 0.3n_1$。

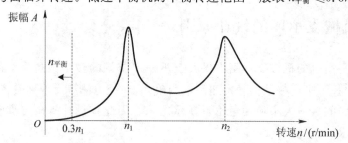

图 3.5　轴承座径向支承刚度不相等时转子-轴承系统的振动响应曲线

　　如图 3.4(b)所示,弹性杆与轴承中心线呈 45°方向支承。在这种支承方式下,弹性杆主要通过拉压方式支承轴承座,因此弹性杆的弯曲刚度在分析中可忽略不计。假设两根弹性杆的拉压刚度相等,均为 k。转子旋转时轴承座受到由转子不平衡产生的离心力 F 的作用,轴承座中心 O 将产生位移 Δl,显然,有

$$\Delta l = \sqrt{\Delta l_1^2 + \Delta l_2^2} \tag{3.1}$$

式中,Δl_1 为左侧弹性杆在 F 的作用下产生的变形量,Δl_2 为右侧弹性杆在 F 的作用下产生的变形量,它们分别满足

$$\begin{cases} \Delta l_1 = F\sin\varphi/k \\ \Delta l_2 = F\cos\varphi/k \end{cases} \tag{3.2}$$

式中,φ 为离心力 F 与右侧弹性杆轴线之间的夹角。由式(3.1)、式(3.2)可得

$$\Delta l = \sqrt{(F\sin\varphi/k)^2 + (F\cos\varphi/k)^2} = F/k \tag{3.3}$$

由式(3.3)可以看出,在一定大小的离心力作用下,轴承座中心的位移也是一定的,即机械支承座在任意径向是等刚度的,这种特性也称为径向支承刚度各向同性。

利用径向支承刚度各向同性的特性设计的高速平衡机,可以大大地扩展平衡的转速范围,减少转子升速过程中系统共振峰的过多出现,不仅可以提高平衡效率,还可以提高平衡质量。图 3.6 所示为径向支承刚度各向同性的转子—轴承系统的振动响应曲线。

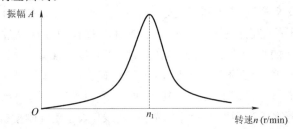

图 3.6　径向支承刚度各向同性的转子—轴承系统的振动响应曲线

径向弹性支承杆也称为主刚度杆,是机械支承座的关键零件之一,它不仅要能够安全可靠地承受转子做超速试验时的动载荷,还应具有足够的弹性,能够将微弱的不平衡振动信号正确传递出来,所以设计时除了要考虑材质选用、强度校核、稳定性校核等因素之外,还需要考虑其结构形式。高速平衡机的径向弹性支承杆往往设计成等截面形式。根据转子的质量范围,弹性杆可采用矩形截面或圆截面两种形式。

机械支承座的支承刚度值决定了高速平衡机对转子的平衡效果,因此是机械支承座设计的关键指标之一。为使转子在实际工况下可能出现的临界转速及其相应振型在高速平衡机上能够再现,以确保转子在平衡机上得到良好的平衡并在机组安装运行时也具有良好的效果,机械支承座支承刚度值一般应尽量接近转子实际工作时的支承刚度。

对某一规格的高速平衡机,它能适应一定质量范围内转子的平衡校验。经试验研究证实,应选取转子实际工作轴承座支承刚度中的最小(或接近最小)值作为高速平衡机机械支承座的设计参数。

如果该质量范围内转子的实际轴承座的支承刚度值差别较大,同一套弹性杆难以满足全转速范围的强度及灵敏度的要求,则一般设计两套不同支承刚度的机械支承座,以满足平衡机的适用范围。

3.2.2　附加刚度机构的设计与分析

　　理论和试验研究表明,机械支承座支承刚度对转子—轴承系统不平衡振动具有明确的影响。转子的临界转速不仅取决于转子本身的弯曲刚度,还随机械支承座的支承刚度而变化。增大支承刚度值,转子的临界转速也随之有相应的上升,反之亦然。一般情况下,机械支承座的支承刚度是不需要变化的,但是当转子发生较剧烈的振动,如风机转子因叶片断裂飞逸而出现较大的不平衡量,轴承座在巨大的离心力和惯性力作用下发生强烈振动,此时可以通过增大机械支承座的支承刚度来提高平衡机的抗振能力。

　　改变机械支承座的支承刚度是通过机械支承座中的附加刚度机构来实现的。在挠性转子的平衡试验过程中,转子在升速过程中往往经过一阶临界转速而出现一阶临界的振动峰值,为了加快升速过程,减少驱动功耗,一般也通过附加刚度机构来改变系统的支承刚度,将临界转速进行旁移。图 3.7 表示轴承座支承刚度与转子临界转速的关系。其中,曲线Ⅰ、Ⅱ、Ⅲ分别表示转子第一、二、三阶临界转速随支承座动刚度变化的关系,曲线Ⅳ表示附加刚度机构没有作用时支承座动刚度随转速变化的关系,而曲线Ⅴ表示变刚度机构和径向弹性支承杆共同作用时支承座动刚度随转速变化的关系。从图 3.7 中可以看出,当附加刚度机构起作用时,转子的临界转速发生旁移,分别从 n_1、n_2、n_3 改变为 n_1'、n_2'、n_3'。

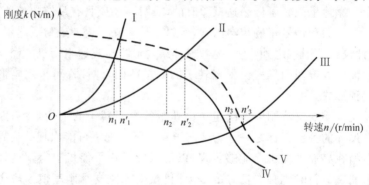

图 3.7　轴承座支承刚度与转子临界转速的关系

　　机械支承座支承刚度的改变不仅改变了转子的临界转速,还改变了转子左右轴承的不平衡振动矢量轨迹,也即转子—轴承系统的振动幅值产生了旁移。如图 3.8 所示,当机械支承座的支承刚度为 k_1 时,转子—轴承系统的临界峰值发生于转速 n_1 处,当增大机械支承座的支承刚度为 k_2 时,转子—轴承系统的临界峰值发生于转速 n_2 处。

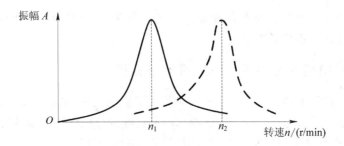

图 3.8　转子—轴承系统的振动幅值在不同支承刚度下随转速变化的曲线

利用附加刚度机构的这一特性,在实际平衡过程中,当转子升速接近 n_1 时,使附加刚度机构发挥作用,让转子平稳升速经过转速 n_1;当继续升速接近 n_2 时,可使机械支承座的支承刚度恢复到原来数值(变刚度机构不起作用),从而避开了转子—轴承系统的振动峰值,使平衡过程安全可靠地进行。

图 3.9 所示为附加刚度机构的结构示意图。其中,弹性板平行于弹性杆,且 45°方向对称布置在基座的斜面上;附加刚度弹性板与轴承座不联接;固结在轴承座上的 T 形板与弹性板之间有 3~5mm 的间隙。附加刚度机构不起作用时轴承座仅依靠弹性杆支承。当油缸通入 22~25MPa 的高压油时,将弹性板与 T 形板夹紧为一体,则附加刚度机构发挥作用,起到附加支承轴承座的作用。当压力油经换向阀接入油箱后,弹性板由弹簧撑开而恢复到原来的位置,附加刚度机构不起作用。

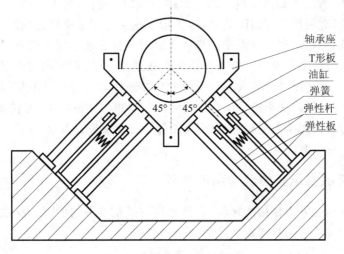

图 3.9　附加刚度机构示意图

根据对高速平衡机的试验研究结果,附加刚度机构的附加刚度参数值一般取轴承座弹性杆的拉压刚度值的 $50\%\sim80\%$ 为宜,此时附加刚度机构对系统临界转速的旁移作用较为明显。

3.2.3 轴向刚度及阻尼机构的设计与分析

高速平衡机的轴承座上装设有轴向刚度及阻尼机构,其作用在于:

a) 提高轴承座轴向刚度,保证轴承座有良好的球面回转运动的自位作用;

b) 使两个轴承座的轴线一致,起到调心找中的作用;

c) 当轴承座的轴向振动或绕各轴线的摆动振幅过大时,轴向的机械阻尼能有效地抑制其振幅,确保径向振动信号的正确传递。

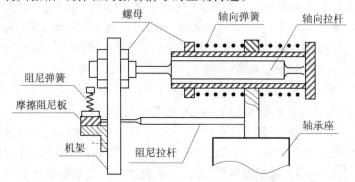

图 3.10 轴向刚度及阻尼机构的结构示意图

图 3.10 所示为轴向刚度及阻尼机构的结构示意图,轴承座凸缘(即轴承座的轴线方向)有两组刚度相同的弹簧,将轴承座夹持在平衡位置,轴向拉杆一端穿过凸缘孔,另一端用螺母固定在机架上。可通过旋动各螺母调整弹簧刚度和调节轴承中心。阻尼拉杆一端与摩擦阻尼板连接,通过调节摩擦阻尼板上的弹簧压力,可以改变阻尼力的大小。设计时应尽量使轴向拉杆及阻尼拉杆的弯曲刚度较小,这样可以减小轴承座自位回转时的约束力。设计中,可在轴承座的 3 个方位设置轴向刚度阻尼机构,它们均按等腰三角形位置布置,并且以轴承座的垂直轴线对称安装。

3.2.4 机械支承座的动态刚度计算

刚度是指受外力作用的材料、构件或结构抵抗变形的能力。静载荷下结构抵抗变形的能力称为静刚度 k_0,其计算公式为

$$k_0 = F/x \tag{3.4}$$

其中,F 为施加于结构上的力,x 为结构在外力 F 下的位移。

动载荷下结构抵抗变形的能力称为动刚度。动刚度是衡量机器结构抗振能

力的主要指标,在数值上等于机器结构产生单位振幅所需的动态力。动刚度越大,机器结构在动态力作用下振动量越小;反之,动刚度越小,振动量越大。

对于高速平衡机的机械支承座,其振动系统可以简化为单自由度振动系统,如图 3.11(a)所示。其在外界简谐激振力作用下的系统响应应满足

$$M\frac{\mathrm{d}^2 x}{\mathrm{d}t^2} + c\frac{\mathrm{d}x}{\mathrm{d}t} + k_0 x = F\sin\omega t \tag{3.5}$$

式中,F 为不平衡量产生的离心力,ω 为动态作用力角频率,M 为机械支承座参振总质量,k_0 为机械支承座在振动方向的静刚度,c 为阻尼系数,x 为机械支承座振动位移。

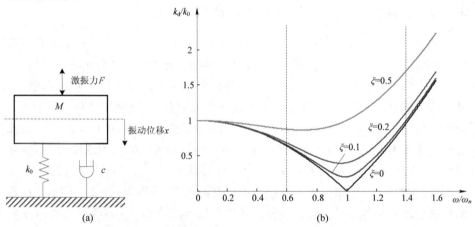

图 3.11　机械支承座的振动模型及动刚度曲线

将式(3.5)改写为

$$\frac{\mathrm{d}^2 x}{\mathrm{d}t^2} + 2\xi\omega_n\frac{\mathrm{d}x}{\mathrm{d}t} + \omega_n^2 x = \frac{\omega_n^2}{k_0}F\sin\omega t \tag{3.6}$$

式中,$\omega_0 = \sqrt{\dfrac{k_0}{M}}$ 为系统的固有频率,$\xi = \dfrac{c}{2\sqrt{k_0 M}}$ 为系统的相对阻尼比。

由式(3.6)可知,系统稳态响应是同频率的正弦振动,即

$$x = X\sin(\omega t + \varphi) \tag{3.7}$$

式(3.7)中,X 为稳态正弦振动的振幅,其表达式为

$$X = \frac{\omega_n^2}{k_0\ |\ \omega_n^2 - \omega^2 + \mathrm{j}2\xi\omega_n\omega\ |}F = \frac{F/k_0}{\sqrt{[1-(\omega/\omega_n)^2]^2 + (2\xi\omega/\omega_n)^2}} \tag{3.8}$$

由式(3.8)可得到动态刚度的表达式为

$$k_\mathrm{d} = \frac{F}{X} = k_0\sqrt{[1-(\omega/\omega_n)^2]^2 + (2\xi\omega/\omega_n)^2} \tag{3.9}$$

图 3.11(b)示出了机械支承座的动刚度幅频特性曲线。由式(3.9)可以看出,影响动刚度的主要参数是:机器结构本身的静刚度 k_0,固有频率 ω_0,阻尼比 ξ 及振动频率 ω。在不同频率范围内各参数对动刚度的影响是不同的。从图 3.11(b)可以看出,动刚度幅频特性曲线大致可分为三个区。

a)准静态区:$\omega/\omega_0 \leqslant 0.6$,可近似认为 $k_d \approx k_0$;

b)共振区:$0.6 < \omega/\omega_0 \leqslant 1.4$,动刚度受结构阻尼影响很大,此时机器结构的动刚度最小;

c)惯性区:$\omega/\omega_0 > 1.4$,此时结构的动刚度主要取决于质量 M,即 $k_d \approx M\omega^2$。

3.2.5 机械支承座各个固有频率的计算与分析

高速平衡机的轴承座是一个多自由度的振动系统,轴承座在 x、y、z 坐标轴方向的振动固有频率及绕各轴线的摆动固有频率,既可通过试验实测求得,也可从理论上加以分析计算。图 3.12 所示为轴承座与各弹性元件布置的示意图。从结构特点分析,可认为轴向旋转中心在 z 坐标轴线上,轴承座的质心 o' 也在 z 坐标轴线上,应尽可能使质心 o' 与刚度中心 o 相重合。支承点 A、B 沿 y 坐标轴方向的支承刚度相等,均为 k_1;支承点 C 沿 y 坐标轴方向的支承刚度为 k_3;实际设计时,支承点 A、B、C 处的弯曲刚度很小,可以忽略。两弹性支承杆的拉压刚度相等,均为 k_2;x、y 坐标轴方向的弯曲刚度亦相等,分别为 k_{2x}、k_{2y};绕 z 坐标轴的扭曲刚度亦相等,均为 k_{2z}。分析轴承座的固有频率时,不必考虑各支承点处的阻尼。

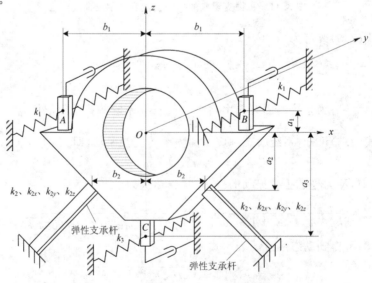

图 3.12　轴承座弹性元件布置示意图

假设 I_x、I_y、I_z 分别为轴承座对 x、y、z 坐标轴的转动惯量,k_x、k_y、k_z 分别为轴承座在 x、y、z 坐标轴方向的刚度,轴承座的参振质量为 m,轴承座在作自由振动时沿坐标轴方向的位移分别为 δ_x、δ_y、δ_z,绕坐标轴的角位移分别为 φ_x、φ_y、φ_z。根据力学原理,则可列写出轴承座的动力学方程:

$$\begin{cases} m\ddot{\delta}_x + k_x\delta_x = m\ddot{\delta}_x + k_2\delta_x = 0 \\ m\ddot{\delta}_y + k_y\delta_y = m\ddot{\delta}_y + (2k_1 + k_3 + 2k_{2y})\delta_y = 0 \\ m\ddot{\delta}_z + k_z\delta_z = m\ddot{\delta}_z + k_2\delta_z = 0 \\ I_x\ddot{\varphi}_x + (2k_1a_1^2 + 2k_{2x}a_2^2 + k_3a_3^2)\varphi_x = 0 \\ I_y\ddot{\varphi}_y + 2k_{2x}a_2^2\varphi_y = 0 \\ I_z\ddot{\varphi}_z + (2k_1b_1^2 + 2k_{2z}b_2^2)\varphi_z = 0 \end{cases} \quad (3.10)$$

由式(3.10),可得出沿坐标轴方向振动的固有频率为

$$\begin{cases} f_x = \dfrac{1}{2\pi}\sqrt{\dfrac{k_2}{m}} \\[2mm] f_y = \dfrac{1}{2\pi}\sqrt{\dfrac{2k_1 + k_3 + 2k_{2y}}{m}} \\[2mm] f_z = \dfrac{1}{2\pi}\sqrt{\dfrac{k_2}{m}} \end{cases} \quad (3.11)$$

绕坐标轴方向摆振的固有频率为

$$\begin{cases} f_{x\varphi} = \dfrac{1}{2\pi}\sqrt{\dfrac{2k_1a_1^2 + 2k_{2x}a_2^2 + k_3a_3^2}{I_x}} \\[2mm] f_{y\varphi} = \dfrac{1}{2\pi}\sqrt{\dfrac{2k_{2x}a_2^2}{I_y}} \\[2mm] f_{z\varphi} = \dfrac{1}{2\pi}\sqrt{\dfrac{2k_1b_1^2 + 2k_{2z}b_2^2}{I_z}} \end{cases} \quad (3.12)$$

式(3.11)、式(3.12)分别给出了轴承座 6 个自由度方向的振动固有频率的计算公式。在设计高速平衡机机械支承座时,在给定频率范围的前提下,用预先给定的 6 个频率值和已知的几何参数,则可以计算求得各弹性元件的支承刚度。

3.2.6　小结

在进行高速平衡机的机械支承座设计时,应遵循如下原则:

(1) 机械支承座轴承的径向支承刚度应保证各向同性。

(2) 应保证轴承座的支承刚度可变,为此必须设置变刚度机构。

(3) 为保证高速平衡机在高速或超速运行时安全可靠,机械支承座各受力部件在最高的交变动载荷的作用下也必须是安全可靠的。

（4）为保证能够对高速旋转的挠性转子进行高速平衡，轴承座应设计为多自由度的振动系统。各个振动固有频率的大小取决于轴承座上的弹性元件刚度值及所处的位置。

（5）在轴承座两侧45°方向设置测力传感器，当轴承座受到的离心力超过设定值时，在控制室应显示报警。也可以采用两侧的双线圈信号传感器中的一组线圈用于离心力设定值的报警。

（6）高速平衡机的机械支承座的变刚度油站油压为 $22\sim25\mathrm{MPa}$，在平衡大转子时，为防止转子启动时损伤轴瓦，轴承均应设置顶轴装置，油压一般不低于 $15\mathrm{MPa}$。

3.3　机械支承座的性能参数检测

高速平衡机在出厂之前，必须进行各种性能参数的检测，以确保其能够正常、可靠地工作。

3.3.1　附加刚度机构的检测

检查机械支承座的进油口及各法兰是否盖紧，不加油压从宏观上检查各油路接口是否漏油。

转子试运转前，先开启顶轴油泵，在规定油压下，检查顶轴油路的密封情况。

在各油缸通入高压油后，先将各油缸内空气排除，然后关闭阀门。在油缸夹紧及放松状态下，检查附加弹性支承板的夹紧情况及松开后的间隙是否符合技术要求。

3.3.2　机械支承座沿 x、y、z 轴线的各固有频率的测试及阻尼机构的调整

对总体装配及各部件联接情况的检查完成后，通过实测得到轴承座各个固有频率。测试所需仪器包括：可变频的偏心激振器一套，磁性吸盘拾振器两台，频谱分析仪一台。频谱分析仪可接电脑打印记录振动曲线及数据。具体试验步骤如下：

（1）测试过程优先选择在高速实验室内进行，在高速试验室床身均已安装完成后，将机械支承座送入整体式防护罩内，并紧固在床身上进行试验，这是在最实际的工况下测试。对于机械支承座和过桥可以分开的大型平衡机，也可将机械支承座上部（不包括下部过桥部分）单独放置于具有 T 形槽铁、且基础刚度较高的试验场地进行测试，必须使机械支承座与 T 形槽铁接触良好并牢固

连接。

（2）将激振器装于轴承座孔中心位置，并使偏心块两端的偏心位置同相。将机械支承座阻尼机构松开，分别对机械支承座左右侧 45°的振动幅值及相位进行检测。左右两侧单独测试完成后，可从振动幅值及相位判断左右主刚度杆与轴承座及机座的结合情况是否良好。如果左右所测幅值基本一致，且相位角互差 90°左右，则将左右传感器的线圈串联后，再进行测量。根据表 3.1 的条件要求，将各次测量数据填入表格中。

表 3.1　轴承座的振动检测数据记录表

摆架编号 No.		激振器:$U=$　　　　　kg·mm						工况
		振动幅值和相位指示						
n /(r/min)	离心力 /N	左		右		左右串联		无阻尼、无附加刚度
		mV	°	mV	°	mV	°	
1 000								
1 500								
...								
n /(r/min)	离心力 /N	左		右		左右串联		无阻尼、有附加刚度（机械支承座接入变刚度油缸）
		mV	°	mV	°	mV	°	
1 000								
1 500								
...								

（3）按图 3.13 所示，将激振器两端偏心互为 180°安装，以产生不平衡力偶，迫使轴承座扭振。激振前先将上、下阻尼松开，拾振器先放置在②、④位置上，使激振频率从 5Hz 开始逐渐升高，直至轴承座绕 z 轴产生共振，记录此时的频率及振动幅值。维持在相同的转速下，将上部左右两个阻尼机构逐步夹紧，使共振幅值下降 20%左右。

（4）将拾振器放置在①、③位置，3 个阻尼机构放松，用步骤（3）的方法检测轴承座绕 x 轴扭振的共振频率。在相同频率下将 3 个阻尼机构夹紧，使 x_{φ} 振幅下降 20%左右，在②、④点处复测阻尼抑制的情况是否足够。

（5）改变激振器的安装方向及偏心块的方位，可对 z 轴的固有频率及绕 z 轴的扭振频率 z_{φ} 及 x 轴、y 轴的固有频率测试，具体测试数据可填入表 3.2 中。

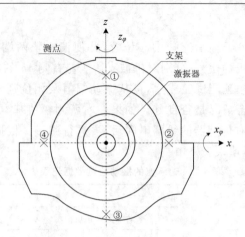

图 3.13 激振器安装及测点布置

表 3.2 各共振频率测试数据记录表

机械支承座 No.	无附加刚度		有附加刚度	
	No. 1	No. 2	No. 1	No. 2
$f_{x\varphi}$(绕 x 轴)固有频率 / Hz				
测点①幅值相位				
测点②幅值相位				
测点③幅值相位				
测点④幅值相位				
$f_{y\varphi}$(绕 y 轴)固有频率 / Hz				
测点①幅值相位				
测点②幅值相位				
测点③幅值相位				
测点④幅值相位				
$f_{z\varphi}$(绕 z 轴)固有频率 / Hz				
测点①幅值相位				
测点②幅值相位				
测点③幅值相位				
测点④幅值相位				
x 方向固有频率 / Hz				
y 方向固有频率 / Hz				
z 方向固有频率 / Hz				

3.3.3　机械支承座动态刚度的测试

高速平衡机的主刚度杆在总装后分别与轴承座、机座及桥架、导轨等组成一个弹性支承系统,该系统在静止状态下的静刚度为 K_0。当轴承座在旋转工件的激振力作用下,其系统的刚度将随着激振频率的升高而逐渐降低。通过对两个机械支承座的动刚度测试,调整传感器灵敏度,可使两个机械支承座在同样的激振力下,输出的信号达到基本一致,以补偿加工、装配以及传感器等造成的误差。

进行动态刚度测试所需的测试仪器包括:激振器一套;毫伏表一只;电测箱及光电转速传感器一套。具体试验步骤如下:

(1) 按图 3.14 所示连接各测试仪器,卸去轴承上瓦盖,用两块假瓦块夹持激振器,并通过垫铁和楔铁将激振器固紧。

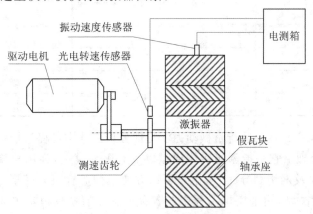

图 3.14　动态刚度测试框图

(2) 设定偏心质量 U,计算其在不同转速下产生的离心力 F。

(3) 分别测定不同转速下振动传感器的输出电压值,并将其转换为对应的振动位移。

(4) 计算不同转速下的动态刚度值,得到轴承座的动态刚度曲线。

有关记录数据的表格见表 3.3。

3.4　机械支承座动态特性的有限元分析

作为平衡机的支承系统,设计机械支承座时既要保证有一定的尺寸和刚度,能够承受工件的重量,又要使机械支承座结构合理。通常,针对不同类型的平衡机,设计机械支承座时要进行相应的理论计算,计算过程随着机械支承座的复杂而变得繁复，而且计算效率低，不利于设计的改进。为了提高设计效率，使设计过程更加科学合理，引入有限元分析软件 ANSYS，来代替原本的工程计算方法，不但能提高设计效率，更能增加设计的准确度。

表 3.3　动态刚度测定数据记录表

机械支承座编号：

偏心质量 U：　　　　　kg·mm　　　　　传感器灵敏度：　　　　　mV/(mm/s)

转速 n (r/min)	离心力 F /N	传感器输出电压 /mV	振动位移 /μm	动态刚度 /(N/μm)	备注
1 000					
1 500					无附加
2 000					刚度
...					
1 000					
1 500					有附加
2 000					刚度
...					

利用 ANSYS 软件进行机械动力学特性分析的基本过程包括：

（1）前处理。它是指创建实体模型以及有限元模型，为用户提供了一个强大的实体建模及网格划分工具，用户可以方便地构造有限元模型。软件提供了100余种单元类型，用来模拟工程中的各种材料。前处理模块主要实现 3 种功能：参数定义、实体建模、网格划分。

（2）求解。这是指利用程序完成对已经生成的有限元模型进行力学分析和有限元求解。在此阶段，用户可以定义分析类型、分析选项、载荷数据和载荷步选项。

（3）后处理。这是指完成计算后，可通过后处理模块将计算结果以彩色等值线、云图、梯度、矢量、粒子流、立体切片、透明及半透明等图形方式显示出来，也可以将结果以图表、曲线形式显示或输出。ANSYS 的后处理模块分为两部分：通用后处理模块(POST1)和时间历程后处理模块(POST26)。

3.4.1　机械支承座的动态刚度分析

这里以 250t 高速平衡机机械支承座为例加以说明。

250t 高速平衡机机械支承座中根据各部分结构的不同要求，使用了不同的材料。为简化分析，建模时采用笛卡尔坐标系，采用三维实体单元(SOLID45)模拟所有轴承支撑结构、机座结构和边框结构。弹性模量取 $E=200\mathrm{GPa}$，材料密度取 $\rho=7\,850\ \mathrm{kg\cdot m^{-3}}$，泊松比取 $r=0.3$。建模时做如下简化：①忽略细微部分如倒圆、倒角等；②焊接部分直接视为钢板；③模型中不考虑螺钉连接松紧的问题，直接将它们视为一体；④附加刚度机构简化为附加刚度板和 T 型板的连接；⑤主刚度杆简化为主刚度杆与弯形板和轴承座的连接。250t 高速平衡机机械支承座的有限元计算模型如图 3.15 所示。

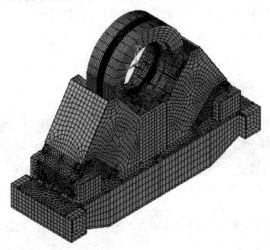

图 3.15　250t 高速平衡机机械支承座有限元模型

有限元分析结果如图 3.16 所示。该结果与实测机械支承座动刚度曲线基本一致，说明所建立的有限元模型比较接近实际情况，谐响应计算结果可信度高，为平衡机机械支承座的下一步计算研究提供了依据。

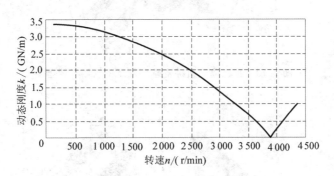

图 3.16　250t 高速平衡机机械支承座动态刚度与转速的关系曲线

3.4.2 机械支承座的模态分析

这里以 125t 高速平衡机机械支承座为例加以说明。

1. 有限元建模

根据高速平衡机机械支承座轴承及机座的结构特点，采用三维实体单元（SOLID45）模拟所有轴承支承结构、机座结构和边框结构。建立的有限元模型共划分 978 098 个单元，508 488 个节点，有限元模型见图 3.17～3.20。

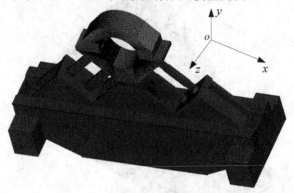

图 3.17　125t 高速机械支承座轴承及机座整体的 ANSYS 模型三维视图

图 3.18　125t 高速机械支承座轴承的有限元模型

图 3.19　125t 高速机械支承座主支撑刚度杆的有限元模型

图 3.20　125t 高速机械支承座机座的有限元模型

2. 结构模态分析结果

建立有限元模型后,即可进行模态分析。图 3.21 分别给出了机械支承座的前十阶模态振型图和频率。

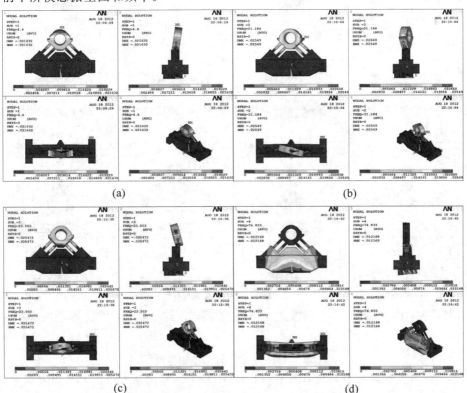

图 3.21(a)　前十阶模态振型图

(a) 模型第一阶振型和固有频率(4.6Hz);(b) 模型第二阶振型和固有频率(21.184Hz);
(c) 模型第三阶振型和固有频率(23.503Hz);(d) 模型第四阶振型和固有频率(74.833Hz);

图 3.21(b)　前十阶模态振型图

（e）模型第五阶振型和固有频率（94.774Hz）；（f）模型第六阶振型和固有频率（119.821Hz）；（g）模型第七阶振型和固有频率（120.325Hz）；（h）模型第八阶振型和固有频率（129.248Hz）；（i）模型第九阶振型和固有频率（148.79Hz）；（j）模型第十阶模态振型和固有频率（169.259 Hz）

3. 结果分析

在导轨接触部件全约束情况下,经有限元模态计算得到前十阶模态。图 3.22 为 ANSYS 运行结果。各阶模态振型说明见表 3.4。

```
*****  INDEX OF DATA SETS ON RESULTS FILE  *****

      SET    TIME/FREQ   LOAD STEP   SUBSTEP   CUMULATIVE
       1     4.6001         1           1          1
       2     21.184         1           2          2
       3     23.503         1           3          3
       4     74.833         1           4          4
       5     94.774         1           5          5
       6     119.82         1           6          6
       7     120.32         1           7          7
       8     129.25         1           8          8
       9     148.79         1           9          9
      10     169.26         1          10         10
```

图 3.22　前十阶模态

表 3.4　模态频率及模态振型说明

模态/阶	频率/ Hz	模　态
1	4.60	轴承座 x_φ 方向
2	21.18	轴承座 y_φ 方向
3	23.50	轴承座 x_φ、y_φ 方向
4	74.83	过桥 z 方向
5	94.77	轴承座、刚度杆 z_φ 方向、y 方向
6	119.82	轴承座、刚度杆、过桥 y 方向
7	120.32	轴承座、刚度杆、过桥 y 方向
8	129.25	过桥 x_φ 方向
9	148.79	轴承座、刚度杆、过桥 y 方向
10	169.26	刚度杆、过桥 y_φ 方向

从表 3.4 可以看出,前十阶模态振型包括轴承座、刚度杆、过桥等在各个方向上的振型。根据机械支承座的实际应用情况,该机械支承座在使用时主要是轴承座受到径向的力,包括转子的重力和转子旋转时产生的动态离心力。机械支承座在使用中的实际振型为机械支承座(主要包括轴承座、刚度杆等)在 x、y 方向的振动。从计算结果看,轴承座 y 方向的最低固有模态频率为 94.77 Hz(对应转速 5 686.2 r/min),而在 x 方向的模态在十阶之外,即固有模态频率要大于 169.26 Hz(对应转速为 10 155.6 r/min)。

第 4 章　高速平衡机电测单元的设计

4.1　电测单元的基本功能与构成

高速平衡机既要能够对挠性转子进行低速平衡测试,又要能够在高速下测量机械支承座上轴承座的振动值,进行高速动平衡测试,这就要求高速平衡机的电测单元应具有如下基本功能:

(1) 在转子进行低速平衡时,正确指示在校正面上应施加的校正量的大小和位置。

(2) 待被测转子升至第一临界转速的 70% 以上时,正确指示转子—轴承系统的不平衡振动响应(如振动位移、速度、加速度等),不平衡振动响应随转速的变化关系可通过奈奎斯特(Nyquist)图的形式加以显示或以数据的形式加以表达。

为满足使用和操作要求,除上述基本功能之外,高速平衡机的电测单元还应包括其他一些辅助功能,如自检、键补偿、夹具补偿、电子补偿、超差报警、倍频振动检测、数据记录存储与打印等功能。

早期的高速平衡机电测单元采用模拟电路和数字电路来实现,电路结构较为复杂,操作不便,测量结果的显示采用光电矢量瓦特表等模拟表盘,读数误差较大。随着计算机技术的发展,计算机技术被充分应用到平衡机电测单元中,使得电测单元的测量精度和测量效率都得到了很大的提高。现代平衡机电测单元还大量采用集成芯片技术,使得测量系统的体积更小、可靠性更高、设计周期更短。

高速平衡机的电测单元的基本组成如图 4.1(a)所示,它包括传感器、信号调理电路、A/D 转换电路和计算机等四部分。

传感器的作用是将被平衡转子旋转时在支承座上产生的不平衡振动信号及旋转转速信号转化为电信号,输出到信号调理电路上,以便于做进一步处理。一般来说,振动传感器输出的电信号成分复杂,反映转子不平衡的有用信号非常微弱,且与转速呈三次方关系(速度传感器)。转速传感器的输出信号一般为与转速同频的脉冲信号。

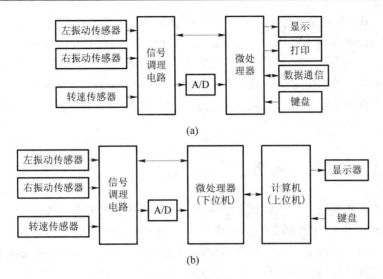

图 4.1　高速平衡机电测单元的一般构成

　　信号调理电路一般为模拟电路与数字电路的混合电路,其目的在于提取振动传感器输出信号中反映转子不平衡的振动信号,将其处理为适合于模数(A/D)转换的且具有合适信噪比的模拟信号,同时将转速传感器输出的转速脉冲信号做进一步整形,以便于传输到微处理器上做进一步处理。由于转子不平衡的动态范围很大,因此信号调理电路中都包含有程控增益放大电路,其增益控制信号由微处理器发出。

　　A/D 转换电路用于将采集的模拟不平衡信号转换为数字信号,便于在微处理器上做进一步处理。

　　计算机系统以各种通用的或专用的微处理器或微控制器为核心,由键盘、显示、打印、数据通信等外围模块共同构成。计算机系统主要完成两大任务:

　　(1) 转子不平衡量的获取及测量结果的计算。低速平衡时,测量结果一般以校正面上不平衡矢量(幅值和相位)的形式加以表示;高速平衡时,通过测量轴承座的振动矢量(幅值和相位),采用不同的平衡方法,最终计算出在多个校正平面上应加的平衡矢量(幅值和相位)。

　　(2) 完成各种人机交互功能。这些功能包括各种测量设定参数的输入、测量结果的输出、标定过程控制以及其他辅助功能,如参数查询、存储等。输入参数包括转子尺寸、支承形式、转速、校正方式、转子转向、平衡允差等,测量结果一般通过各种显示装置如数字 LED、LCD 显示器等即时输出,还可以通过打印机、通信接口(如串行通信口)输出。

　　计算机系统还可以采用上、下位机的结构,如图 4.1(b)所示。下位机由微处理器构成,主要完成转子不平衡量的获取以及与上位机之间的通信。上位机一般选用成熟的嵌入式通用计算机模块,其功能完善,具有大部分通用计算机的功能,如强大的计算能力和通用的键盘、显示、打印接口等。采用上、下位机结构的优点是可以充分利用上位机的强大计算能力,进行各种复杂的数据处理(如数字滤波以提高信号质量),得到更为准确的测量结果,同时可以设计出更为完善的人机交互界面。

4.2 传感器及其选型

传感器是高速平衡机的重要组成部分。高速平衡机中所使用的传感器可分为振动传感器、转速传感器等。振动传感器的基本功能是将被测转子旋转时在平衡机机械支承座上产生的不平衡振动响应转化为电信号,转速传感器的基本功能是将转子的转速信号转化为电信号。

这里仅就高速平衡机中常用的传感器作一介绍。

4.2.1 振动传感器

振动传感器可以将振动位移、振动速度或者振动加速度转换为电信号。因此,按照被测振动参数的类型划分,振动传感器可分为位移型、速度型和加速度型3种。这些类型的振动传感器可以采用不同的物理原理而工作,高速平衡机用振动传感器可采用磁电式、电涡流式和压电式。

1. 磁电式速度传感器

磁电式传感器是利用电磁感应原理,将振动速度转换成线圈中的感应电势输出。它工作时不需要外加电源,而是直接从被测物体吸取机械能量并转换成电信号输出,这是一种典型的发电型传感器。由于这种传感器输出功率较大,因而大大地简化了后续的电路。另外,它的性能稳定,还可以针对使用对象做成不同的结构型式,如直接式或惯性式。这种传感器在平衡机测量系统中获得了较普遍的应用。

磁电式传感器的结构有很多种,按力学原理可分为惯性式和直接式,按活动部件是磁铁还是线圈又可分为动铁式和动圈式。动铁式磁电传感器一般都做成惯性式的,而动圈式磁电传感器则有惯性式的和直接式的两种。

图4.2为动铁式磁电速度传感器的典型结构。在测振时,传感器固定或紧压于被测物体上,磁钢与壳体一起随被测物体的振动而振动,装在芯轴上的线圈和阻尼环组成惯性系统的质量块并在磁场中运动。弹簧片径向刚度很大、轴向刚度很小,使惯性系统既得到可靠的径向支承,又保证有很低的轴向固有频率。

阻尼环一方面可增加惯性系统质量,降低固有频率,另一方面在磁场中运动产生的阻尼力使振动系统具有合理的阻尼。

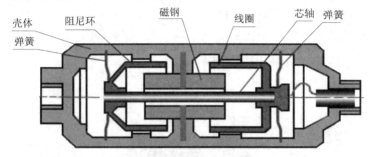

图 4.2　典型的磁电式传感器

　　直接式传感器的结构如图 4.3 所示。这种传感器的弹簧片刚度 k 不能太小,根据测量对象的不同可以选用不同 k 值的弹簧片。实际使用时,传感器要固定在待测物体上,顶杆要顶在固定不动的参考面上,给弹簧片一定的预压力,或者传感器固定在相对不动的参考系上,顶杆顶在振动物体上,给弹簧片一定的预压力。当物体振动时,顶杆在弹簧恢复力的作用下跟随振动物体一起振动,和顶杆一起运动的线圈也就跟随振动物体而振动。磁钢和壳体固定在一起,固定不动。因此,线圈和磁钢之间就有了相对运动,其相对运动的速度等于振动物体的振动速度。线圈以相对速度切割磁力线,传感器就输出正比于振动速度的电压信号。

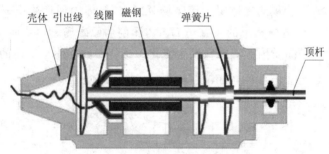

图 4.3　直接式传感器的结构

　　这种传感器的使用频率上限取决于弹簧片的刚度 k 的大小;k 值大,可测量频率上限就高;k 值小,可测量频率上限就低。理论上,这种传感器的频率下限可从零频开始,因此这种传感器适用于低频振动速度的测量。上海辛克试验机有限公司生产的 T81S 型磁电式传感器(见图 4.4)采用直接式安装形式,其主要技术指标如下:

灵敏度	$200\mathrm{mV/mms^{-1}}$
线圈直流电阻	$8\mathrm{k\Omega}$
工作频率范围	$3\sim200\mathrm{Hz}$
工作温度范围	$-40\sim100℃$

图 4.4　T81S 型磁电式传感器外形图

2. 电涡流式位移传感器

电涡流式传感器是 20 世纪 70 年代以来得到迅速发展的一种传感器,它利用电涡流效应进行工作。电涡流式传感器结构简单、灵敏度高、频响范围宽、不受油污等介质的影响,并能进行非接触测量,适用范围广。

如图 4.5 所示,在传感器线圈 L_1 中通以交变电流 i_1,线圈周围就会产生一个交变磁场 H_1。若被测导体置于该磁场范围内,导体内便产生电涡流 i_2,i_2 也将产生一个与 H_1 方向相反的新磁场 H_2,力图削弱原磁场 H_1,从而导致线圈 L_1 的电感量、阻抗和品质因数等参数发生变化。这些参数变化与导体的几何形状、

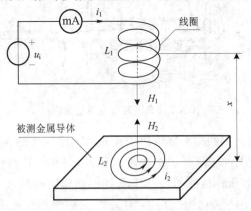

图 4.5　电涡流式传感器的工作原理

电导率、磁导率、线圈的几何参数、电流的频率以及线圈到被测导体间的距离等参数有关。如果控制上述参数中一个参数改变,余者皆固定不变,就能构成测量该参数的传感器。电涡流式传感器作为振动传感器使用时一般用来测量振动位移,因此也称为位移传感器。

图 4.6 所示为反射式电涡流式传感器的变间隙结构型式,是最常用的一种结构型式。它的结构很简单,由一个扁平线圈固定在框架上构成。线圈用高强度漆包铜线或银线绕制(高温使用时可采用铼钨合金线),用黏结剂粘在框架端部或绕制在框架槽内。

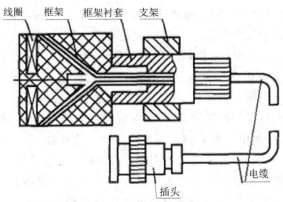

图 4.6　电涡流式传感器的结构

在该结构中,线圈框架应采用损耗小、电性能好、热膨胀系数小的材料,常用高频陶瓷、聚酰亚胺、环氧玻璃纤维、氮化硼和聚四氟乙烯等。由于激励频率较高,对电缆与插头所用材料也应充分重视。

分析表明,这种传感器线圈外径大时,线性范围就大,但灵敏度低;反之,线圈外径小,灵敏度高,但线性范围小。线圈内径和厚度的变化对灵敏度影响较小,仅在线圈与导体接近时灵敏度稍有变化。

为了使传感器小型化,也可在线圈内加磁芯,以便在电感量相同的条件下,减少匝数,提高品质因数。也可在线圈内加入铁芯以增大磁导率而扩大测量范围。

由于电涡流传感器是利用线圈与被测导体之间的电磁耦合进行工作的,因而被测导体作为"实际传感器"的一部分,其材料的物理性质、尺寸与形状都与传感器特性密切相关。一般来说,被测导体的电导率越高,灵敏度也越高。当被测物为磁性体时,灵敏度较非磁性体低。被测体若有剩磁,将影响测量结果,因此在测量时应予以消磁。

3. 压电式加速度传感器

压电式传感器是一种有源的双向机电传感器。它是以某些材料受力后在其表面产生电荷的压电效应为转换原理的传感器。压电元件是机电转换元件,它可以测量最终能变换为力的非电物理量,例如力、压力、加速度等。压电式传感器具有使用频带宽、灵敏度高、结构简单、工作可靠、重量轻等优点。近年来由于电子技术的飞跃发展,随着与之配套的测量电路以及低噪声、小电容、高绝缘电阻电缆的出现,使压电传感器的使用更为方便。压电传感器在平衡机测量系统中也得到了较为广泛的应用。高速平衡实践中使用的压电传感器一般用来测量振动加速度。

根据压电元件的受力和变形形式可构成不同结构的压电式加速度传感器,最常见的是基于厚度变形的压缩式加速度传感器和基于剪切变形的剪切式加速度传感器,前者使用更为普遍。基于厚度变形的压缩式加速度传感器的结构如图4.7所示。压电元件一般由两片压电晶片组成,在压电晶片的两个表面镀上银层,并在银层上焊接输出引线,或在两个压电晶片之间夹一片金属,引线就焊接在金属片上,输出端的另一根引线直接与传感器基座相连。在压电晶片上放置惯性质量块,然后用硬弹簧或螺栓、螺帽对质量块预加载荷。整个组件装在一个厚基座的金属壳体中。为了防止试件的任何应变传递到压电元件上,避免产生虚假信号,一般要加厚基座或选用刚度较大的材料制造基座。

测量时,将传感器基座与试件刚性固结在一起,使传感器信号显示与试件振动同步,此时惯性质量产生一个与加速度成正比的作用在压电晶片上的交变惯性力 F,由于压电效应而在压电晶片的表面产生交变电荷(电压)。当被测振动频率远低于传感器的固有频率时,压电晶片产生的电荷(电压)与所测加速度成正比。通过后续的测量放大电路就可以测出试件的振动加速度。如果在放大电路中加入适当的积分电路,就可以测出相应的振动速度或位移。

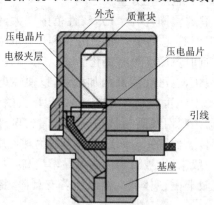

图4.7 压电式加速度传感器结构图

4.2.2　转速传感器

转速信号既为不平衡的测量提供角度基准,也为转速测量提供周期脉冲信号。可进行转速测量的传感器具有多种类型,按变换方式可分为机械式、电气式、光电式和频闪式。早期的平衡机技术中曾使用频闪式测速传感器和发电机式测速传感器,由于其使用、安装不方便而遭到淘汰。现在平衡机测量系统中最常用的转速传感器为光电式、霍尔式以及电涡流式转速传感器。其中,电涡流式转速传感器的原理与电涡流式振动位移传感器的原理相同。

1. 光电转速传感器

光电传感器利用光电效应工作,光电效应包括外光电效应(如光电倍增管)、光电导效应(如光敏电阻)、光生伏特效应(如光敏二极管、三极管)等 3 种类型。光电转速传感器在使用方式上常采用遮光式和反射式两种形式。下面以反射式光电转速传感器为例加以说明。

反射式光电转速传感器是通过在被测量转轴上设定反射记号,而后获得光线反射信号来完成物体转速测量的。其工作原理为:传感器的光源发出的光线透过透镜入射到被测转轴上,当被测转轴转动时,反射记号将光线反射后通过透镜投射到传感器内装有的光敏元件上。当转轴转动到设定的反射标记时,反射率增大光线变强,光敏元件感应到后发出脉冲信号;当转轴继续转动,偏离设定的反射记号,反射率变小光线变弱,光敏元件无法感应,不发出脉冲信号。反射式光电转速传感器通过光敏元件发出的脉冲信号获取转轴的旋转速度。

反射式光电转速传感器的使用方式如图 4.8 所示,主要由被测旋转轴、反光片(反光贴纸)、反射式光电传感器组成。在可以进行精确定位的情况下,在被测部件上安装一片或对称安装多片反光片(反光贴纸)可以取得较好的测量效果。这样,当旋转部件上的反光贴纸通过光电传感器前时,光电传感器的输出就会跳变一次。通过测量跳变频率,就可得出转速。

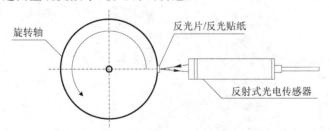

旋转轴　　　　　　　　　　反光片/反光贴纸

反射式光电传感器

图 4.8　反射式光电转速传感器的使用形式

在平衡实践中,一般安装一片反光片(反光贴纸),且安装位置作为不平衡相角的基准位置(零相位角)。

2. 霍尔转速传感器

霍尔传感器是利用霍尔元件的霍尔效应来工作的。霍尔效应的原理图如图4.9所示。当把霍尔元件置于磁感应强度为 B 的磁场中时,磁场方向垂直于霍尔元件,当有电流 I 流过霍尔元件时,在垂直于电流和磁场的方向上将产生感应电动势 E_H,这种现象称为霍尔效应。由霍尔效应产生的感应电动势称为霍尔电动势,霍尔电动势输出端称为霍尔电极。霍尔效应是物质在磁场中表现出的一种特性,它是运动电荷在磁场中受到洛仑兹力作用而产生的结果。

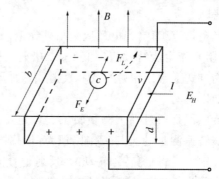

图 4.9　霍尔效应原理图

霍尔电动势 E_H 的表达式为 $E_H = k_H IB$。其中,k_H 为霍尔元件的灵敏度。显然霍尔元件激励电流端的输入电流 I 越大,作用在霍尔元件上的磁感应强度 B 就越强,霍尔电动势 E_H 也就越高。

霍尔转速传感器的使用形式如图4.10所示,只要金属旋转体的表面存在缺门或突起,就会使磁感应强度产生脉动从而引起霍尔电动势的变化,产生转速信号。

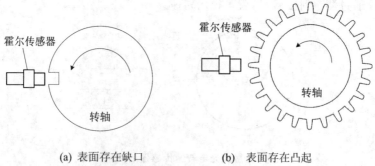

(a) 表面存在缺口　　　　　　(b)　表面存在凸起

图 4.10　霍尔转速传感器的使用形式

4.2.3　传感器选型的基本原则

在高速平衡机电测单元的设计过程中,对传感器的选用应符合以下几条基本原则:

(1) 保证传感器具有良好的频率特性,即在平衡机的整个工作转速范围内,传感器都应有足够的信号输出,灵敏度要合适,线性度要好。

(2) 在干扰信号频率比有用信号频率低时,可采用速度或加速度传感器,这时,传感器输出信号能有较好的信噪比;当干扰信号频率比有用信号频率高时,则可采用位移或速度传感器。

(3) 传感器的性能要可靠,特别是长期在温度、湿度以及周围电磁场的变化影响下,传感器仍要稳定工作,抗干扰能力要强。

(4) 传感器要结构简单、体积小、重量轻、安装维护方便。

(5) 振动传感器的性能应稳定、可靠,且易与后续信号调理电路匹配。

4.3　电路设计

在高速平衡机电测单元中,根据所采用的振动传感器的不同,传感器输出的支承座振动信号与转速成 2 次方、3 次方甚至 4 次方的关系,因此,为去除转速对测量结果的影响,必须采用积分电路;传感器的输出信号除了包含与转速同频的振动信号外,还包含大量的由安装基础、环境等引起的干扰信号,为此,必须通过模拟的或数字的滤波器去除这一部分干扰信号。此外,不平衡量的大小范围相差非常之大,其动态范围可达 $1:2\times10^{6}$,即要求可测量的最大不平衡量与最小不平衡量之比为 2×10^{6},而电路处理电信号的电平范围一般在 $\pm15V$ 之内,其可处理的最小信号一般在 mV 级,这就要求电路具有对传感器输出信号进行适当放大或衰减的功能。

4.3.1　可程控增益放大电路

高速平衡机电测单元中的放大或衰减电路可采用手动或自动切换的形式。随着计算机技术的引入,现代平衡机测量电路一般都采用可程控增益放大电路的形式。可程控增益放大电路的原理是在固定增益放大电路的基础上加入不同增益环节,通过数字控制的方式在不同增益环节之间进行切换,从而使电路具有不同的增益放大倍数。可程控增益放大电路一般由固定增益放大电路和模拟电子开关组合而成。

1. 衰减电路

利用简单的电阻网络可实现衰减电路。图 4.11 所示电路为由电阻和模拟电子开关 DG412 构成的简单的信号衰减电路,放大倍数分别为 1、1/2、1/4、1/8。放大倍数与逻辑控制信号 S1～S4 之间的关系见表 4.1。

表 4.1　图 4.11 电路中放大倍数与逻辑控制信号之间的关系

S1	S2	S3	S4	u_o/u_i
1	0	0	0	1
0	1	0	0	1/2
0	0	1	0	1/4
0	0	0	1	1/8

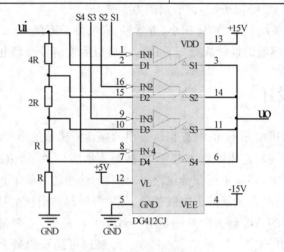

图 4.11　简单信号衰减电路

上述电路虽然结构简单,但它的输入、输出电阻在不同衰减档位时是不同的,因此在实际使用时,为保证电路匹配,应在电路的输入之前和输出之后加接电压跟随电路。

图 4.12 所示为可任意步进衰减的可编程增益放大电路,该电路由 $R/2R$ 梯形电阻网络、8 路 CMOS 复用器 MAX338 和 JFET 输入型运放 356 构成,其中梯形电阻网络仅使用 3 种不同阻值的电阻:R_1、R_2、R_3。如果取 $R_2 = R_3(1 + R_3/R_1)$,则在除最低档(与 MAX338 的 NO8 脚相接)之外的任意衰减档位向的输入电阻均为 $R_{IN} = R_1 + R_3$。假设步进衰减比例为 k,则可按照式(4.1)计算电阻的取值:

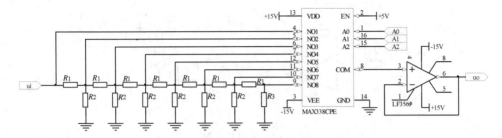

图 4.12　可任意步进衰减的可编程增益放大电路

$$\begin{cases} R_1 = R_{IN}(1-k) \\ R_2 = R_{IN} \times k/(1-k) \\ R_3 = R_{IN} \times k \end{cases} \tag{4.1}$$

例如,要实现衰减比例为 1、$\sqrt{2}/2$、$1/2$、$\cdots$、$(\sqrt{2}/2)^7$,即 $k = \sqrt{2}/2$,取 $R_{IN} = 1k\Omega$,则由式(4.1)计算可得:$R_1 = 293\Omega$,$R_2 = 2\,424\Omega$,$R_3 = 707\Omega$。

图 4.12 所示电路结构简单、设计方便,步进级数可以任意设定。

2. 可程控增益放大电路

可程控增益放大电路可采用运放构成的放大器和模拟电子开关组合而成,也可选用可程控增益放大电路的集成芯片,前者的增益可自行设计,后者的增益一般由芯片决定。两种方案各有特点,在价格上后者较贵。

采用运算放大器可以构成反相放大器和同相放大器。反相放大器的具体实现如图 4.13 所示。图 4.13(a)电路的放大倍数为 $u_o/u_i = -R_2/R_1$,图 4.13(b)电路的放大倍数为 $u_o/u_i = -(R_2 + R_4 + R_2R_4 + R_3)/R_1$。

图 4.13(b)电路的特点在于可用较小阻值的电阻实现较大的放大倍数,其中的 T 形电阻网络等效于一个阻值为 $R_2 + R_4 + R_2R_4/R_3$ 的反馈电阻。

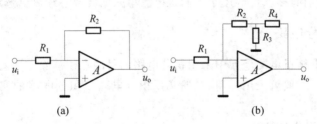

图 4.13　反相放大器

同相放大器的具体实现如图 4.14 所示。图 4.14(a)电路的放大倍数为 $u_o/u_i = 1 + R_2/R_1$,图 4.14(b)电路的放大倍数为 $u_o/u_i = 1 + (R_2 + R_4 + R_2R_4/R_3)R_1$。

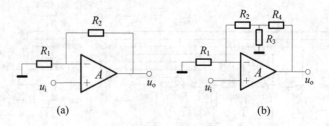

图 4.14　同相放大器

在设计可程控增益放大电路时,可以通过改变输入端电阻或反馈电阻来实现,如图 4.15 所示。通过开关的开合,它们都可得到 4 种放大倍数。

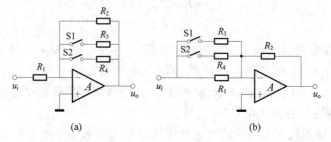

图 4.15　可变增益放大电路

在实际设计过程中,反馈电阻支路和 T 形反馈支路可组合运用。以图 4.15(a)所示电路为例,一种实用的可编程增益放大电路形式如图 4.16 所示,当模拟开关均断开时,电路的放大倍数为 −32;当仅有 S2 闭合时,放大倍数为 −2;当 S1、S2 均闭合时,放大倍数为 −0.125。

如果采用集成可编程增益放大器芯片来构建可编程增益放大电路,则设计非常简单,目前有多款可应用于平衡机电测单元的集成芯片可供选用。

4.3.2　积分电路

在高速平衡机电测单元中采用积分电路的目的在于消除转速对不平衡振动信号的影响。一般可采用一阶、二阶 RC 积分电路。积分电路的实现原理与低通滤波器相同。

1. 一阶积分电路

图 4.17 所示分别为无源和有源一阶 RC 积分电路,其中图 4.17(a)的输入输出频率特性为

$$H(j\omega) = \frac{1}{1 + j\omega RC} \tag{4.2}$$

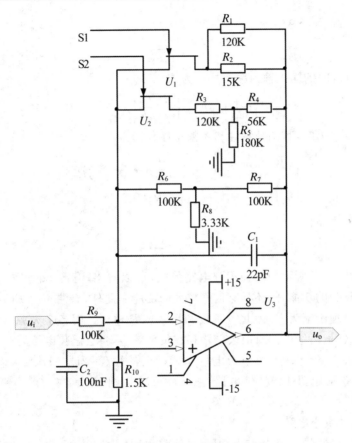

图 4.16　实用可编程增益放大电路

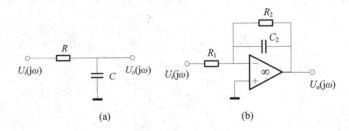

(a)   (b)

图 4.17　一阶 RC 积分电路

当 $\omega RC \gg 1$ 时，其幅频特性和相频特性分别为

$$\begin{cases} \mid H(\mathrm{j}\omega) \mid = \dfrac{1}{\sqrt{1 + (\omega RC)^2}} \approx \dfrac{1}{\omega RC} \\ \angle H(\mathrm{j}\omega) = -\arctan(\omega RC) \end{cases} \tag{4.3}$$

截止频率为

$$f_0 = \frac{1}{2\pi RC} \tag{4.4}$$

图 4.17(b)的输入输出频率特性为

$$H(j\omega) = \frac{R_2/R_1}{1 + j\omega R_2 C_2} \tag{4.5}$$

当 $\omega RC \gg 1$ 时,其幅频特性和相频特性分别为

$$\begin{cases} |H(j\omega)| = \dfrac{R_2}{R_1} \dfrac{1}{\sqrt{1 + (\omega R_2 C_2)^2}} \approx \dfrac{1}{\omega R_1 C_2} \\ \angle H(j\omega) = -\arctan(\omega R_2 C_2) \end{cases} \tag{4.6}$$

截止频率为

$$f_0 = \frac{1}{2\pi R_2 C_2} \tag{4.7}$$

比较图 4.17 所示的两种积分电路形式,可以看出,有源一阶 RC 积分电路除了实现积分的功能外,还具有信号放大的功能。此外,有源一阶 RC 积分电路的输出阻抗理论上为零,因此可直接和后续电路相接。而多个无源一阶 RC 积分电路级联时,后级电路对前级电路存在负载效应,将会恶化电路的积分特性。

计算示例:设计一阶 RC 积分电路,要求截止频率 $f_0 = 2\text{Hz}$,直流放大倍数为 5。

【设计】采用图 4.17(b)电路,取 $R_2 = 1\text{M}\Omega$,则 $R_1 = 200\text{k}\Omega$,$C_2 = 79.6\text{nF}$。实际可取标称电容值 $C_2 = 82\text{nF}$。

2. 二阶积分电路

在平衡机测量系统中,二阶积分电路常采用压控电压源型和无限增益多路反馈源型两种形式。压控电压源型积分电路如图 4.18 所示,电路的传递函数为

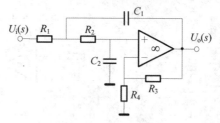

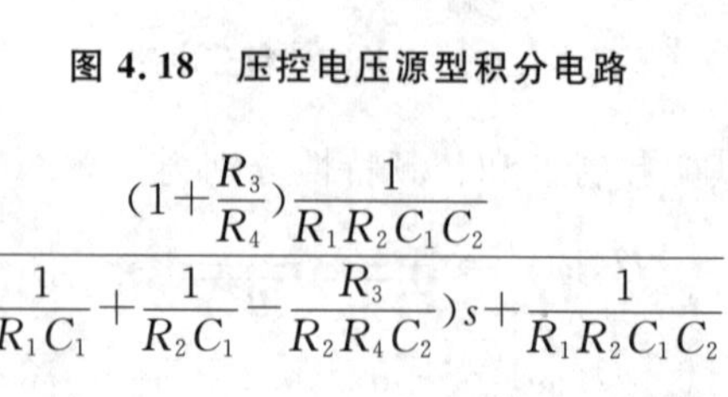

图 4.18 压控电压源型积分电路

$$H(s) = \frac{U_o(s)}{U_i(s)} = \frac{\left(1 + \dfrac{R_3}{R_4}\right)\dfrac{1}{R_1 R_2 C_1 C_2}}{s^2 + \left(\dfrac{1}{R_1 C_1} + \dfrac{1}{R_2 C_1} - \dfrac{R_3}{R_2 R_4 C_2}\right)s + \dfrac{1}{R_1 R_2 C_1 C_2}} = \frac{A\omega_0^2}{s^2 + \dfrac{\omega_0}{Q}s + \omega_0^2} \tag{4.8}$$

电路的设计步骤为：

(1) 确定低通放大倍数 A、截止频率 f_0、品质因数 Q。

(2) 选定 R_3、C_1。

(3) 令 $k = 2\pi f_0 C_1$，$m = \dfrac{1}{4Q^2} + A - 1$。

(4) 计算元件参数：

$$C_2 = mC_1, \quad R_1 = \frac{2Q}{k}, \quad R_2 = \frac{1}{2mkQ}, \quad R_4 = \frac{R_3}{A-1}$$

计算示例：试设计一个压控电压源型积分电路，其指标为：$A = 2$，$f_0 = 3\,\text{Hz}$，$Q = 0.5$。

【设计】①选取 $R_3 = 10\,\text{k}\Omega$、$C_1 = 150\,\text{nF}$；②经计算得：$k = 2.827\,4 \times 10^{-6}$、$m = 2$；③经计算得其余元件参数：$C_2 = 300\,\text{nF}$、$R_1 = 353.68\,\text{k}\Omega$、$R_2 = 176.84\,\Omega$、$R_4 = 10\,\text{k}\Omega$；④将元件圆整到标称值：$C_1 = 150\,\text{nF}$、$C_2 = 300\,\text{nF}$、$R_1 = 360\,\text{k}\Omega$、$R_2 = 180\,\text{k}\Omega$、$R_3 = 10\,\text{k}\Omega$、$R_4 = 10\,\text{k}\Omega$。

【复核】按照标称值，计算得到

$$A = 1 + \frac{R_3}{R_4} = 2, \quad f_0 = \frac{1}{2\pi\sqrt{R_1 R_2 C_1 C_2}} = 2.95\,\text{Hz}$$

$$Q = \frac{1}{\sqrt{R_1 R_2 C_1 C_2}}\left(\frac{1}{R_1 C_1} + \frac{1}{R_2 C_1} - \frac{R_3}{R_2 R_4 C_2}\right)^{-1} = 0.5$$

无限增益多路反馈源型积分电路如图 4.19 所示，电路的传递函数为

$$H(s) = \frac{U_o(s)}{U_i(s)} = -\frac{\dfrac{1}{R_1 R_2 C_1 C_2}}{s^2 + \left(\dfrac{1}{R_1 C_1} + \dfrac{1}{R_3 C_1} + \dfrac{1}{R_2 C_1}\right)s + \dfrac{1}{R_2 R_3 C_1 C_2}} = -\frac{A\omega_0^2}{s^2 + \dfrac{\omega_0}{Q}s + \omega_0^2} \quad (4.9)$$

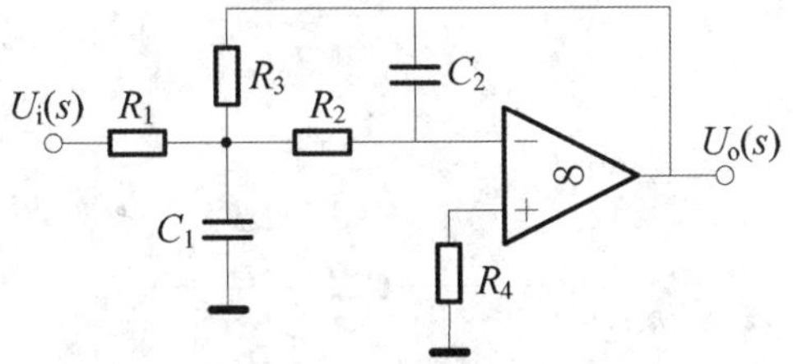

图 4.19　无限增益多路反馈源型积分电路

电路的设计步骤为：

(1) 确定低通放大倍数 A、截止频率 f_0、品质因数 Q。

(2) 选定 C_2。

（3）令 $k = 2\pi f_0 C_2$。

（4）计算元件参数：

$$C_1 = 4Q^2(1+A)C_2, \quad R_1 = \frac{1}{2kAQ}, \quad R_2 = \frac{1}{2(A+1)kQ}, \quad R_3 = \frac{1}{2kQ}$$

计算示例：试设计一个无限增益多路反馈源型积分电路，其指标为：$A = 2$，$f_0 = 3\,\text{Hz}$，$Q = 0.5$。

【设计】①选取 $C_2 = 110\text{nF}$；②经计算得：$k = 2.0735 \times 10^{-6}$；③经计算得其余元件参数：$C_1 = 330\text{nF}$，$R_1 = 241.14\text{k}\Omega$，$R_2 = 160.76\text{k}\Omega$，$R_3 = 482.29\text{k}\Omega$；④将元件圆整到标称值：$C_1 = 330\text{nF}$，$C_2 = 110\text{nF}$，$R_1 = 240\text{k}\Omega$，$R_2 = 160\text{k}\Omega$，$R_3 = 470\text{k}\Omega$。

【复核】按照标称值，计算得到

$$A = \frac{R_3}{R_1} = 1.96, \quad f_0 = \frac{1}{2\pi\sqrt{R_2 R_3 C_1 C_2}} = 3.05\,\text{Hz}$$

$$Q = \frac{1}{\sqrt{R_2 R_3 C_1 C_2}}\left(\frac{1}{R_1 C_1} + \frac{1}{R_3 C_1} + \frac{1}{R_2 C_1}\right)^{-1} = 0.5$$

4.3.3 滤波电路

1. 典型二阶带通滤波电路

典型的二阶带通滤波电路包括压控电压源型和无限增益多路反馈源型两种形式。压控电压源型带通电路如图 4.20 所示，电路的传递函数为

$$H(s) = \frac{U_o(s)}{U_i(s)} = \frac{\left(1+\dfrac{R_4}{R_5}\right)\dfrac{1}{R_1 C_1}s}{s^2 + \left(\dfrac{1}{R_1 C_1} + \dfrac{1}{R_3 C_2} + \dfrac{1}{R_3 C_1} - \dfrac{R_4}{R_2 R_5 C_1}\right)s + \dfrac{R_1 + R_2}{R_1 R_2 R_3 C_1 C_2}}$$

$$= \frac{A_P \dfrac{\omega_0}{Q}s}{s^2 + \dfrac{\omega_0}{Q}s + \omega_0^2} \tag{4.10}$$

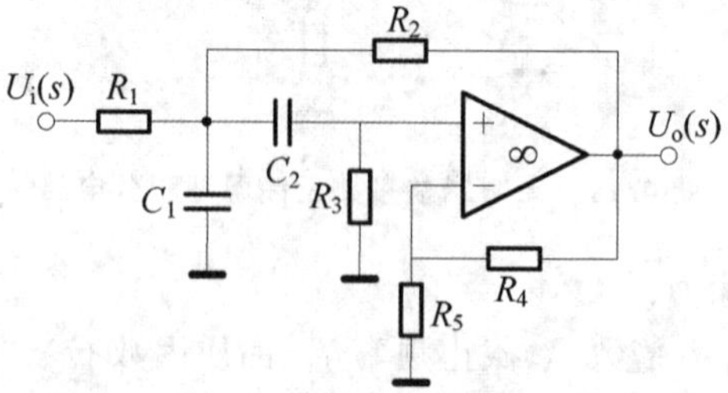

图 4.20　压控电压源型带通电路

电路的设计步骤为：

（1）确定带通放大器中心频率 f_0、品质因数 Q。

（2）选定 R_5、C_1。

（3）令 $k = 2\pi f_0 C_1$。

（4）计算元件参数：

$$C_2 = C_1, \quad R_1 = R_2 = R_3 = \frac{\sqrt{2}}{k}, \quad A = 4 - \frac{\sqrt{2}}{Q}, \quad R_4 = (A-1)R_5$$

（5）计算带通放大倍数：

$$A_P = \frac{AQ}{\sqrt{2}}$$

计算示例：试设计一个压控电压源型带通电路，其指标为：$f_0 = 10\text{kHz}$，$Q = 10$。

【设计】①选取 $R_5 = 10\text{k}\Omega$，$C_1 = 0.01\mu\text{F}$；②经计算得：$k = 6.2832 \times 10^{-4}$；③经计算得其余元件参数：$C_2 = 0.01\mu\text{F}$，$R_1 = R_2 = R_3 = 2.2508\text{k}\Omega$，$R_4 = 28.586\text{k}\Omega$；④计算带通放大倍数：$A_P = 29.68$；⑤将元件圆整到标称值，得：$C_1 = 0.01\mu\text{F}$，$C_2 = 0.01\mu\text{F}$，$R_1 = R_2 = R_3 = 2.2\text{k}\Omega$，$R_4 = 28.7\text{k}\Omega$（精度 1%），$R_5 = 10\text{k}\Omega$。

【复核】按照标称值，计算得到

$$f_0 = \frac{1}{2\pi}\sqrt{\frac{R_1 + R_2}{R_1 R_2 R_3 C_1 C_2}} = 10.23\text{kHz}$$

$$Q = \sqrt{\frac{R_1 + R_2}{R_1 R_2 R_3 C_1 C_2}}\left(\frac{1}{R_1 C_1} + \frac{1}{R_3 C_2} + \frac{1}{R_3 C_1} - \frac{R_4}{R_2 R_5 C_1}\right)^{-1} = 10.9$$

$$A_P = \left(1 + \frac{R_4}{R_5}\right)\frac{1}{R_1 C_1}\frac{Q}{\omega_0} = 29.8$$

无限增益多路反馈型带通电路如图 4.21 所示，电路的传递函数为

$$H(s) = \frac{U_o(s)}{U_i(s)} = -\frac{\dfrac{1}{R_1 C_2}s}{s^2 + \left(\dfrac{1}{R_3 C_2} + \dfrac{1}{R_3 C_1}\right)s + \dfrac{R_1 + R_2}{R_1 R_2 R_3 C_1 C_2}} = -\frac{A_P\dfrac{\omega_0}{Q}s}{s^2 + \dfrac{\omega_0}{Q}s + \omega_0^2} \quad (4.11)$$

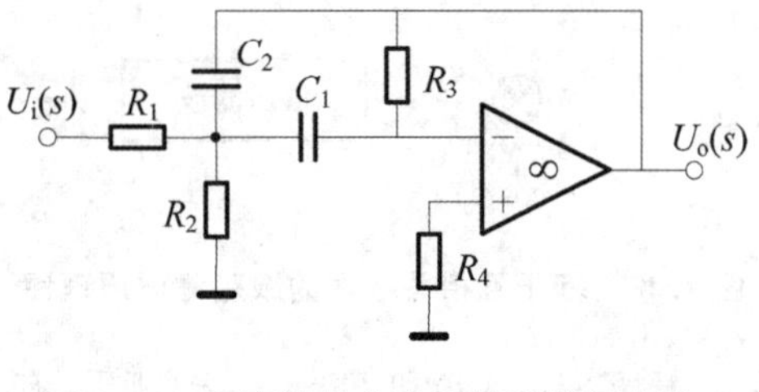

图 4.21　无限增益多路反馈型带通电路

电路的设计步骤为：

(1) 确定带通放大倍数 A_P、中心频率 f_0、品质因数 Q。

(2) 选定 C_1。

(3) 令 $k = 2\pi f_0 C_1$。

(4) 计算元件参数：

$$C_2 = C_1, \quad R_1 = \frac{Q}{kA_P}, \quad R_2 = \frac{Q}{k(2Q^2 - A_P)}, \quad R_3 = \frac{2Q}{k}$$

计算示例：试设计一个无限增益多路反馈源型带通电路，其指标为：$A_P = 1$，$f_0 = 10\text{kHz}$，$Q = 10$。

【设计】①选取 $C_1 = 0.01\mu\text{F}$；②经计算得：$k = 6.2832 \times 10^{-4}$；③经计算得其余元件参数：$C_2 = 0.01\mu\text{F}$，$R_1 = 15.915\text{k}\Omega$，$R_2 = 79.977\Omega$，$R_3 = 31.831\text{k}\Omega$；④将元件圆整到标称值，得：$C_1 = 0.01\mu\text{F}$，$C_2 = 0.01\mu\text{F}$，$R_1 = 16\text{k}\Omega$，$R_2 = 82\Omega$，$R_3 = 33\text{k}\Omega$。

【复核】按照标称值，计算得到

$$f_0 = \frac{1}{2\pi}\sqrt{\frac{R_1 + R_2}{R_1 R_2 R_3 C_1 C_2}} = 9.7\text{kHz}, \quad Q = \sqrt{\frac{R_1 + R_2}{R_1 R_2 R_3 C_1 C_2}}\left(\frac{1}{R_3 C_2} + \frac{1}{R_3 C_1}\right)^{-1} = 10.06$$

$$A_P = \frac{1}{R_1 C_1}\frac{Q}{\omega_0} = 1.03$$

2. 基于互相关原理的跟踪滤波电路

(1) 相关跟踪滤波的基本原理。图 4.22 所示为基于互相关技术的跟踪滤波原理图。振动传感器输出的转子振动信号经放大、积分等处理后可表示成如下形式：

$$e(t) = E\sin(\omega_0 t + \varphi) + N(t) \tag{4.12}$$

式中，$E\sin(\omega_0 t + \varphi)$ 为转子不平衡引起的同频振动信号，$N(t)$ 为干扰噪声，假设 $N(t)$ 中不包含与 ω_0 同频的干扰噪声。

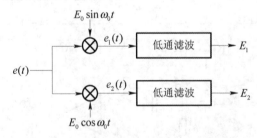

图 4.22 基于互相关技术的跟踪滤波原理图

现将 $e(t)$ 与相关信号 $E_0\sin(\omega_0 t)$ 和 $E_0\cos(\omega_0 t)$ 相乘，有

$$e_1(t) = e(t)E_0\sin(\omega_0 t) = [E\sin(\omega_0 t + \varphi) + N(t)]E_0\sin(\omega_0 t)$$

$$= \frac{1}{2}EE_0\cos\varphi - \frac{1}{2}EE_0\cos(2\omega_0 t + \varphi) + N(t)E_0\sin(\omega_0 t) \quad (4.13)$$

$$e_2(t) = e(t)E_0\cos(\omega_0 t) = [E\sin(\omega_0 t + \varphi) + N(t)]E_0\cos(\omega_0 t)$$

$$= \frac{1}{2}EE_0\sin\varphi + \frac{1}{2}EE_0\sin(2\omega_0 t + \varphi) + N(t)E_0\cos(\omega_0 t) \quad (4.14)$$

可以观察到,式(4.13)中 $\frac{1}{2}EE_0\cos\varphi$ 是一个直流量,式(4.14)中 $\frac{1}{2}EE_0\sin\varphi$ 也是一个直流量,它们与输入信号 $e(t)$ 的频率 ω_0 无关。经过低通滤波后,含有频率 ω_0 的项被滤除,得到

$$E_1 = \frac{1}{2}EE_0\cos\varphi \quad (4.15)$$

$$E_2 = \frac{1}{2}EE_0\sin\varphi \quad (4.16)$$

从而可以计算得到同频振动信号的幅值 E 和相位 φ:

$$E = \frac{2}{E_0}\sqrt{E_1^2 + E_2^2} \quad (4.17)$$

$$\varphi = \arctan\left(\frac{E_2}{E_1}\right) \quad (4.18)$$

基于上述原理的电路实现,涉及两个关键技术:一是正弦、余弦函数发生电路的设计;一是乘法电路的设计。正弦、余弦函数发生电路一般采用数字电路实现,即将一个周期的正弦、余弦信号转换为数字信号存储在非易失性存储器(如EPROM)中,以转速信号脉冲的起始时刻为初始相位,产生数字化的正弦波和余弦波。乘法器一般采用集成芯片来实现,既可采用模拟乘法器,也可采用乘法数模转换器(如 MDAC)。如果采用模拟乘法器,则数字化的正弦波和余弦波还须通过 DAC,经低通滤波平滑才能得到模拟的正弦波和余弦波。

(2) 基于乘法器 AD633 的相关跟踪滤波电路。AD633 是美国 AD 公司生产的一款多功能四象限模拟乘法器,其应用简单,性能较好,且所需外围器件少,可方便地实现乘法、除法、开方运算,可用于调制/解调、相位检测、压控放大、振荡器和滤波器等电路设计中,其引脚如图 4.23 所示。它的 X、Y 乘法输入端为差分高阻输入,Z 加法输入端亦为高阻输入,从而使信号源的阻抗可以忽略不计。AD633 满刻度精度为 2%,在 10Hz～10kHz 的带宽范围内,其 Y 输入端的非线性典型值小于 0.1%。AD633 的 ±8V～±18V 宽供电范围、1MHz 工作带宽和容性负载驱动能力,使得其广泛应用于电路复杂性和性价比敏感的场合。AD633 的工作特性可表示为

$$W = \frac{(X_1 - X_2)(Y_1 - Y_2)}{10} + Z(V) \qquad (4.19)$$

如果将 X_2、Y_2、Z 端接地,则工作特性满足

$$W = \frac{X_1 \times Y_1}{10}(V) \qquad (4.20)$$

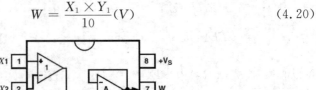
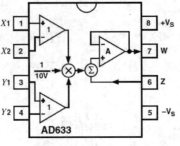

图 4.23 AD633 引脚图

图 4.24 所示为基于模拟乘法器芯片 AD633 的相关跟踪滤波电路的结构框图。光电传感器输出的转速信号经预处理、锁相环后,将锁相环输出的多路 2^N 倍频转速信号作为数字化频率合成器 DDS 的并行地址,读取存储在 EPROM 中的波形,以转速信号脉冲的起始时刻为初始相位,产生数字化正弦波和余弦波,经低通滤波器 LPF 滤波平滑后得到标准模拟正弦波和余弦波。两路传感器信号分别乘以同步于转速脉冲的标准正弦波和余弦波,并经低通滤波后,直接得到直流信号 $A_{左}\cos\varphi_{左}/2$、$A_{左}\sin\varphi_{左}/2$、$A_{右}\cos\varphi_{右}/2$、$A_{右}\sin\varphi_{右}/2$,对得到的直流信号进行简单的平方和、反正切计算后,即可得出左、右支承座振动的幅值和相位。

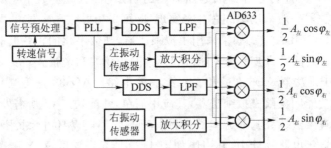

图 4.24 不平衡量的乘法相关求解

在上述实现方案中,转速脉冲形成与锁相环电路如图 4.25 所示。由光电传感器输出的转速信号经差分放大、半波整流、限幅处理后,送入 CD4046 和 CD4040 组成的锁相倍频环路中。锁相倍频环路输出转速脉冲信号 RV1,并生

成后续产生的标准正弦波所需的地址信号 RV1~RV128，各信号为转速脉冲 RV1 的 1 至 128 倍频。

在标准正弦波产生电路中，首先将标准正弦波在单周期内的 128 个等间隔采样值数字化后，依次存储在 EPROM 存储器 27C16 的起始 128 个字节内，然后以转速信号的 1 至 128 倍频信号 RV1~RV128，分别作为 27C16 的 8 位地址线，循环读取存储器中的数字化采样值，最后，将 27C16 的数据总线送出的 8 位数字化正弦波采样值，经 DAC0808 数模变换，并滤波平滑处理后，即可得到与转速脉冲完全同步的标准正弦信号。

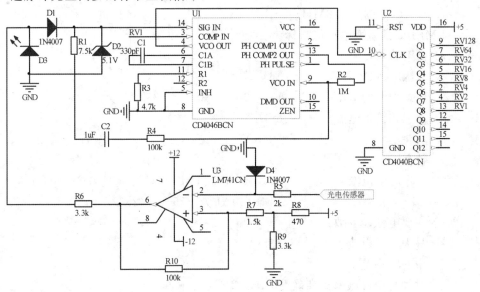

图 4.25　转速脉冲形成与锁相环电路

3. 基于 LMF100 的跟踪滤波电路

LMF100 是美国国家半导体有限公司生产的一片由两个相互独立的通用高性能开关电容滤波器组成的集成电路，它可外接时钟和 2~4 个电阻，组成各种类型的的一阶和二阶滤波器。每个滤波器单元有 3 个输出，其中一个输出可组成全通滤波器、高通滤波器、带阻滤波器，另 2 个输出可组成带通滤波器或低通滤波器。每个滤波器的中心频率可通过外接时钟或时钟与电阻的组合来调整。因此，仅使用一片 LMF100 就能实现四阶双二次函数滤波器。

高阶滤波器可通过级联 LMF100 电路芯片实现，可组成各种各样典型的滤波器，如巴特沃斯（Butterworth）、贝塞尔（Bessel）、椭圆（Elliptic）、切比雪夫（Chebyshev）型滤波器，等等。

LMF100 采用 CMOS 工艺制造,引脚与工业标准芯片 MF10 兼容,其主要特点包括:

　　a) 电源电压范围 4～15V;

　　b) 工作频率可达 100kHz;

　　c) 低失调电压(50∶1 或 100∶1 方式)典型值为 $V_{os1} = \pm 5mV$、$V_{os2} = \pm 15mV$、$V_{os3} = \pm 15mV$;

　　d) 低串扰抑制达 −60dB;

　　e) 时钟与中心频率比的准确度为 ±2%;

　　f) $f_0 \times Q$ 范围达 1.8MHz。

LMF100 的主要电性能指标为

　　a) 极限参数:

电源电压($V_+ \sim V_-$)	16V
任意脚上的电压	$V_+ + 0.3V \sim V_- - 0.3V$
任意脚输入电流	5mA
功耗	500mW
贮存温度	150℃
工作温度范围	LMF100ACN、LMF100CCN 等为 0℃～70℃;
	LMF100AJ 为 −55℃～125℃

　　b) 主要电性能参数:

最大电源电流	13mA
中心频率范围	0.1Hz～100kHz
时钟与中心频率比准确度	±0.2%
Q 值误差	±0.5%
f_0 点带通增益	0dB
最小输出电压摆幅	$R_L = 5k\Omega$ 时,$V = -4.7 \sim 4V$
	$R_L = 3.5k\Omega$ 时,$V = -4.6 \sim 3.9V$
运算放大器增益带宽积	5MHz
运算放大器转换速率	18V/μs

LMF100 共有 7 种工作模式,可用来实现高通、低通、带通、带阻及全通滤波器。这里主要以模式 1 和模式 3 为例来重点介绍 LMF100 的内部结构。图4.26 所示为模式 1 的连线图,其工作特性为

中心频率	$f_0 = f_{clk}/50$(50/100 引脚接 V+)或
	$f_{clk}/100$(50/100 引脚接地或 V−)
品质因数	$Q = R_3/R_2$

低通增益	$H_{\mathrm{OLP}} = -R_2/R_1$
带通增益	$H_{\mathrm{OBP}} = -R_3/R_1$
陷波增益	$H_{\mathrm{ON}} = -R_2/R_1$
动态特性	$H_{\mathrm{OBP}} = H_{\mathrm{OLP}} \times Q = H_{\mathrm{ON}} \times Q$

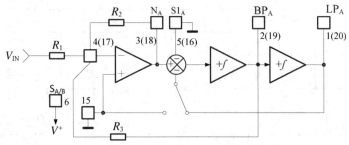

图 4.26　LMF100 模式 1 的连线图

图 4.27 所示为模式 3 的连线图,其工作特性为

中心频率	$f_0 = (f_{\mathrm{clk}}/100) \times \sqrt{R_2/R_4}$ 或 $(f_{\mathrm{clk}}/50) \times \sqrt{R_2/R_4}$
品质因数	$Q = (R_3/R_2) \times \sqrt{R_2/R_4}$
高通增益	$H_{\mathrm{OHP}} = -R_2/R_1$
带通增益	$H_{\mathrm{OBP}} = -R_3/R_1$
低通增益	$H_{\mathrm{OLP}} = -R_4/R_1$
动态特性	$R_2/R_4 = H_{\mathrm{OHP}}/H_{\mathrm{OLP}}$; $H_{\mathrm{OBP}} = -\sqrt{H_{\mathrm{OHP}} \times H_{\mathrm{OLP}}} \times Q$

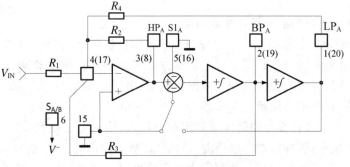

图 4.27　LMF100 模式 3 的连线图

由模式 3 构成的滤波器为通用状态滤波器,其滤波性能最优,需外接 4 个电阻,且中心频率除与时钟频率 f_{dk} 相关外,还与电阻 R_2、R_4 有关。由模式 1 构成的滤波器,只需外接 3 个电阻,中心频率仅与时钟频率 f_{dk} 相关,电路较为简单。

在平衡机测量系统中,可采用 LMF100 构成带通跟踪滤波器。图 4.28 所示为采用 LMF100 的模式 1 构成的四阶带通滤波电路,按照图中电阻参数,每个二阶带通模块的品质因数均为 10,带通增益均为 1。由于 50/100 引脚接地,因此跟踪频率为时钟信号 CLK100 的 1/100。时钟信号 CLK100 可由锁相环倍频电路产生,也可由微处理器测定转子旋转周期后再 100 倍倍频产生。

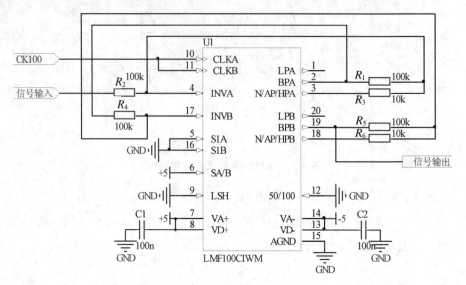

图 4.28　四阶带通滤波电路

4.3.4　A/D 转换电路

1. A/D 转换器的分类及技术指标

A/D 转换器将模拟调理电路处理得到的模拟信号转换为数字信号,以便于将数字信号输入到微控制器进行进一步的处理。A/D 转换技术发展很快,常见的类型包括积分型、逐次逼近型、并行比较型、串并行比较型、$\Sigma-\Delta$ 调制型、电容阵列逐次比较型及压频变换型等。

积分型 A/D 转换器的输入端采用积分器,将输入电压转换成时间(脉冲宽度信号)或频率(脉冲频率),然后由定时器/计数器获得数字值,所以对高频噪声和固定的低频干扰有很强的抑制能力。积分型 A/D 转换器由于转换精度依赖于积分时间,因此转换速率较低,其转换速率在 12 位分辨率条件下为 100～300b/s。它的优点是精度高,分辨率最高可以达 22 位,主要应用在低速、精密测量等场合。

逐次逼近型 A/D 转换器是目前应用最多的转换器。它由一个比较器和 D/A 转换器通过逐次比较逻辑构成,从 MSB 开始,顺序地对每一位进行 D/A 转换器输出,并与输入电压进行比较,经 n 次比较而输出数字值。其电路规模属于中等,优点是速度较高、功耗低,在低分辨率(<12 位)时价格便宜,但高精度(>12 位)时价格较高。

并行比较型 A/D 转换器采用多个比较器,仅做一次比较而实行转换,又称 Flash(快速)型。由于转换速率极高,n 位的转换需要 $2n-1$ 个比较器,因此电路规模极大,价格也高,只适用于视频 A/D 转换器等速度要求特别高的领域。

串并行比较型 A/D 转换器结构上介于并行比较型和逐次逼近型之间,最典型的是由两个 $n/2$ 位的并行型 A/D 转换器配合 D/A 转换器组成,用两次比较实现转换,所以称为 Half flash(半快速)型。如果分成三步或多步实现 A/D 转换,则称为分级型 A/D 转换器,从转换时序角度讲又可称为流水线型 A/D 转换器。现代的分级型 A/D 转换器中还加入了对多次转换结果做数字运算修正等功能。这类 A/D 转换器速度比逐次逼近型高,电路规模比并行比较型小。

$\Sigma-\Delta$ 调制型转换器又被称为过采样型转换器。它由积分器、比较器、一位 D/A 转换器和数字滤波器等组成。原理上近似于积分型转换器,将输入电压转换成时间(脉冲宽度)信号,用数字滤波器处理后得到数字值。电路的数字部分易于单片化,因此容易做到高分辨率,主要应用于高精度数据采集系统。

电容阵列逐次比较型 A/D 转换器在内置 D/A 转换器中采用电容矩阵方式,因此也可称为电荷再分配型 A/D 转换器。一般的电阻阵列 D/A 转换器中多数电阻的值必须一致,在单芯片上生成高精度的电阻非常困难。如果用电容阵列取代电阻阵列,可以低成本制成高精度单片 A/D 转换器。目前的逐次比较型 A/D 转换器大多为电容阵列式。

压频变换型 A/D 转换器通过间接转换方式实现模数转换。其原理是首先将输入的模拟信号转换成频率,然后用计数器将频率转换成数字量。从理论上讲这种 A/D 转换器的分辨率几乎可以无限增加,只要采样的时间能够满足输出频率分辨率所要求的累积脉冲个数的宽度。其优点是分辨率高、功耗低、价格低,但是需要外部计数电路共同完成 A/D 转换。

A/D 转换器的主要技术指标包括:

(1) 精度与分辨率。A/D 转换器分辨率的高低取决于位数的多少。一般来讲,分辨率越高,精度也越高,但是影响转换器精度的因素很多,分辨率高的 A/D 转换器,并不一定具有较高的精度。精度是偏移误差、增益误差、积分线性误差、微分线性误差、温度漂移等综合因素引起的总误差。

(2) 量化误差。量化误差是模拟输入量在量化取整过程中引起的,是一种原理性误差,只与分辨率有关,与信号的幅度、采样速率无关。它只能减小而无法完全消除,只能将其控制在一定的范围之内,一般在 $\pm 1/2$LSB 范围内。

（3）转换速率。转换速率是指完成一次从模拟转换到数字的 A/D 转换所需时间的倒数。常用单位是 ksps（每秒采样千次）和 Msps（每秒采样百万次）。

（4）偏移误差。偏移误差是指实际模数转换曲线中数字 0 的代码中点与理想转换曲线中数字 0 的代码中点的最大差值电压。这一差值电压称为偏移电压。偏移误差一般以满量程电压值的百分数表示。一般来说，温度变化较大时，要补偿这一误差很困难。

（5）线性误差。线性误差又称积分线性误差，是指在没有偏移误差和增益误差的情况下，实际传输曲线与理想传输曲线之差。线性误差一般不大于 1/2LSB。线性误差与 A/D 转换器特性有关，并随输入信号幅值变化而变化，因此是不能进行补偿的，而且线性误差的数值随温度的升高而增加。

（6）微分线性误差。微分线性误差是指实际代码宽度与理想代码宽度之间的最大偏差，以 LSB 为单位。微分线性误差也常用无失码分辨率表示。

在高速平衡机电测单元中，根据平衡机的精度及 A/D 转换器的价格，一般选用分辨率不低于 12 位的 A/D 转换器。A/D 转换器与微控制器的接口既可采用并行方式，也可以采用串行方式。下面分别以 MAX197（12 位并行 A/D 转换器）和 ADS8509（16 位串行 A/D 转换器）为例加以说明。

2. 并行 A/D 转换器 MAX197 及其应用

MAX197 是美国美信公司（MAXIM）推出的多输入范围、多通道的 12 位模数转换器。它只需单电源＋5V 供电，通过软件编程选择 8 个输入通道的一个进行模数转换。芯片内带采样保持器，转换时间为 6μs，采样速率可达 100ksps，可通过软件选择内部还是外部时钟。

该芯片提供数据读取并行接口方式，可与任何标准的微处理器简便连接，因此广泛应用于工业测控、数据采集等系统中。

MAX197 主要特性如下：

a）单电源供电：＋5V；

b）分辨率：12 位，线性误差：1/2LSB；

c）可以软件选择输入信号电平范围：±10V，±5V，0～10V 或者 0～5V；

d）8 个模拟输入通道；

e）转换时间：6μs；采样速率：100ksps；

f）内部或外部时钟；

g）内部 4.096V 基准电压源或外接基准源；

h）内部或外部采集控制；

i）两种掉电工作模式。

图 4.29 所示为 MAX197 的引脚图，封装采用 DIP/SO/SSOP/Ceramic SB

等形式。

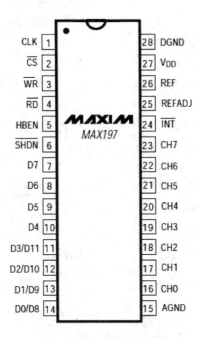

图 4.29　MAX197 的引脚图

　　MAX197 的 12 位三态并行接口很容易与微处理器连接。图 4.30 所示为 MAX197 与 MCS-51 系列单片机 89C51 的接口示例。MAX197 的 8 位数据线与单片机的 P0 口相连,用于写控制字和读数据;HBEN 与单片机 P2.0 相连,控制读数据的高四位或低八位;MAX197 的 $\overline{\text{WR}}$ 和 $\overline{\text{RD}}$ 引脚分别接单片机的 $\overline{\text{WR}}$ 和 $\overline{\text{RD}}$ 引脚;片选 $\overline{\text{CS}}$ 引脚与单片机 P2.1 相连。

　　下面是上述系统电路采用中断方式采集数据的主程序和中断采样程序:

```
            ORG 0000H
            LJMP START
            ORG 0003H          ;89C51 中断 0 入口地址
            LJMP INTR0
            ORG 0033H
START：MOV DPTR,＃0000H        ;MAX197 控制字地址
            MOV A,＃58H           ;内部时钟、内部捕获、±10V、通道 CH0
            MOVX @DPTR,A         ;初始化完成
            ……                   ;其他程序
            END
```

```
INTRO:                         ;中断服务程序
    PUSH A                     ;中断现场保护
    PUSH DPL
    PUSH DPH
    MOV DPTR，#0100H            ;HBEN＝1,先输出高四位
    MOVX A，@DPTR
    MOV 31H， A                 ;将高四位数据存入 31H 单元
    MOV DPTR，#0000H            ;HREN＝0,再输出低八位
    MOVX  A，@DPTR
    MOV 30H， A                 ;低八位数据存入 30H 单元
    POP DPH
    POP DPL
    POP  A                     ;中断现场恢复
    RETI                       ;中断返回
    END
```

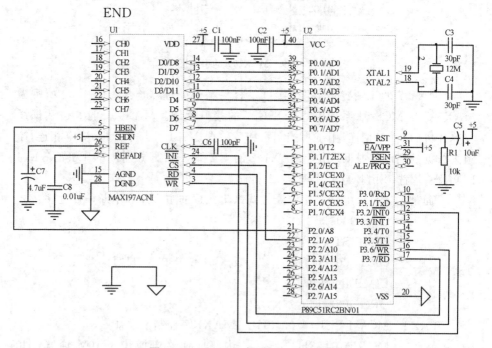

图 4.30　MAX197 与 89C51 接口举例

3. 串行 A/D 转换器 ADS8509 及其应用

ADS8509 是一款新型的 16 位分辨率、单通道 CMOS 结构的逐次逼近寄存

器型 A/D 转换器,其性价比非常高。采用 ADS8509 和单片机组成数据采集系统,具有采集速度快、精度高、控制简单等特点。

ADS8509 主要特性如下:

a) 具有 16 位带采样保持的基于电容的逐次逼近寄存器型模数转换器;

b) 250kHz 采样速率,输入信号为 20kHz 时的信噪比达 88dB;

c) 最大非线性误差小于±1LSB;

d) 6 种可选的输入范围,分别是 0~10V、0~5V、0~ 4V、±10V、±5V 和 ±3.3V;

e) 片内带有＋ 2.5V 基准源,也可采用外部基准源;

f) 片内自带时钟,采样数据通过串行输出。数据既可用内部时钟,也可由外部时钟同步后输出;

g) 采用单一 5V 电源供电,典型功耗为 70mW;

h) 采用 20 管脚 SO 和 28 管脚 SSOP 两种封装形式;

i) 指定工作温度范围在－40~85 ℃之间。

ADS8509 引脚图如图 4.31 所示。

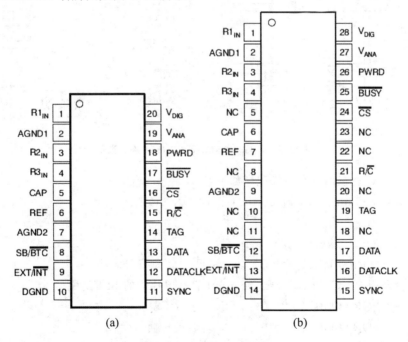

图 4.31　ADS8509 引脚图

图 4.32 所示为 ADS8509 与 MICROCHIP 系列单片机 PIC18F4553 的接口

示例。PIC18F4553 带有 SPI 串行总线模块,其 SDA(RB0)与 SCK(RB1)引脚可直接与 ADS8509 的 DATA 和 DATACLK 相连。ADS8509 的管脚 EXT/$\overline{INT}$ 接高电平,采用外部时钟模式。具体的数据采集过程为:SB/$\overline{BTC}$ 接高电平,输出数据为标准二进制码。片选信号 $\overline{CS}$ 接地。启动信号为一脉冲,由 PIC18F4553 的 RB4 脚产生,接入 ADS8509 的 R/$\overline{C}$ 管脚。当 A/D 转换启动后,$\overline{BUSY}$ 管脚输出一个低电平,一直保持到转换结束,将 $\overline{BUSY}$ 接入 PIC18F4553 的 RB3 脚,当 $\overline{BUSY}$ 状态为 1 时,开始读取采样数据。

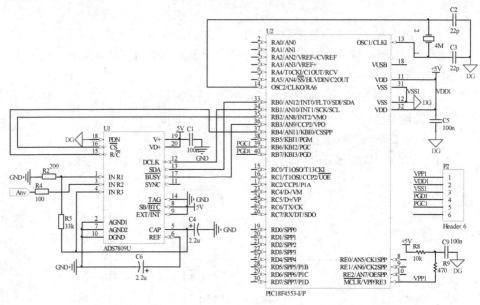

图 4.32 ADS8509 与 PIC18F4553 接口举例

采用 C 语言编写的采样程序如下:

```
unsigned int ADSample(void)
{
    union Timers AdValue;
    OpenSPI(SPI_FOSC_4, MODE_00, SMPEND);
//调用 PICC18 的库函数 OpenSPI 启动单片机的 SPI 模块
    PORTBbits. RB2=0;         //选片 CS
    PORTBbits. RB4=0;         //启动转换
    while(! PORTBbits. RB3);  //等待 BUSY 为高,转换结束
    PORTBbits. RB4=1;         //进入读取采样值状态
    AdValue. bt[1] = ReadSPI();   //直接调用 PICC18 的库函数读高
```

八位

```
AdValue.bt[0] = ReadSPI();  //读低八位
return(AdValue.lt);
}
```

4.4　软件设计

4.4.1　电测单元软件的基本功能

高速平衡机的软件是电测单元的重要组成部分,它必须能够将不平衡测量数据进行正确处理,并将结果以合适的形式输出。同时软件设计还应注意使电测单元具备友好的人机交互界面、良好的用户操作体验。一般来说,高速平衡机的软件主要由以下功能模块组成:

1. 自检模块

自检模块完成对高速平衡机电测单元传感器、硬件电路等的自我诊断,指示可能存在的故障,避免这些故障导致测量失真甚至出现错误的测量结果。同时,自检模块也是帮助技术维修人员查找故障的有效方法。

设计自检模块时应根据实际的硬件电路特性,选择合适的检测方法。自检的内容应尽可能包含传感器、硬件电路中的重要组成部分。

2. 参数设置模块

参数设置模块主要完成测量过程的参数设置。这些参数可以分为两大类:转子参数和功能参数。

转子参数是指转子的实际属性参数,一般包括不平衡测量和其他功能测量中必须用到的属性参数,如:转子支承形式、校正面的位置、校正面的半径、校正面的可配重位置参数(范围值或定点角度值)等。

功能参数是指针对电测单元所提供的各种功能所进行的参数设置,如:采样时间间隔、允许最大剩余振动值、各测点报警值等。

3. 标定模块

标定模块分为低速标定模块和高速标定模块。标定的目的就是确定电测单元的输入—输出关系,即求出单位振动(幅值和相位)所对应的电压(矢量)。标定方法为:在转子校正面的一定位置加固定试重,通过影响系数法求出标定参数。

4. 测量模块

测量模块主要完成转子不平衡振动信号的采集。在低速平衡中,通过安装在各测点处的传感器获得振动响应电信号后,通过平衡模块来完成平面分离计算,得出各校正面上的校正配重。在高速平衡中,测得的动响应电信号经过必要处理,直接加以显示。测得的振动值主要以两种形式显示:奈奎斯特图和伯德图。

5. 平衡模块

在完成影响系数的计算后,通过测量获取转子各校正面的振动响应,由计算机完成方程组的解算,得出各校正面上的校正配重。该模块应用于低速平衡功能。

6. 数据处理模块

数据处理是一个具有非常丰富内涵的表述,它包含了对获得的数据进行计算、分析、判断、显示、存储、共享等所有与数据有关的操作。在高速平衡电测单元中,数据处理主要是对各个测点处测得的数据进行处理,并且按照预先设置的功能参数做出响应。

4.4.2　软件设计中应注意的问题

在高速平衡机电测单元软件设计中,应注意以下问题:

1. 开发平台的选择

高速平衡机电测单元的硬件一般采用上、下位机结构,下位机主要负责数据采集,上位机主要负责数据处理和人机交互。

上位机可采用基于工业级嵌入式主板的系统,其所使用的操作系统有 Windows、WinCE、Linux 等,这些操作系统各有特点,选择的原则为既要满足硬件的需要,又要便于使用和开发。

下位机一般采用基于微控制器的系统,一旦选定微控制器型号之后,应选择与之相配的开发软件。

2. 软件开发的注意点

良好的软件开发风格有助于软件的稳定运行以及软件的阅读、维护、升级。由于下位机本身的硬件特点决定了其不会提供丰富的存储器资源供程序员使用,在这样的前提下软件的编写就会有许多限制条件。在编写下位机软件时应注意以下几点:

a) 尽量少用浮点数据类型和指针数据类型;

b) 尽量采用无符号整型;

c) 编写函数时尽量采用无返回值和无参数的形式;

d) 在条件允许的前提下,尽量使用全局变量或者静态变量(特别是在中断函数中使用的变量);

e) 中断函数中执行的代码减至最少;

f) 使用简短的代码取代复杂的复合语句。

由于上位机资源相对而言较为丰富,程序员在编写代码时没有那么多的限制,一般应遵循软件设计的基本原理和方法,主要包括:

(1) 模块化编程。将程序划分成若干个模块,每个模块完成一个子功能,把这些模块组合起来形成一个整体,可以完成指定的功能。

(2) 降低各功能模块间耦合程度。在软件设计中应该追求尽可能松散耦合的系统,在这样的系统中可以方便地研究、测试或维护任何一个模块,而不需要对系统的其他模块有很多了解。此外,由于模块间联系简单,发生在一处的错误传播到整个系统的可能性就很小。因此,降低模块间的耦合程度有利于提高系统的可理解性、可测试性、可靠性和可维护性。

(3) 良好的人机交互性能。良好的人机交互性能可提高操作的简便性和用户操作体验的舒适性。

3. 软件的测试

如果在软件正式运行之前没有发现并纠正其中的差错,那么这些问题迟早会在实际使用过程中暴露出来。而改正这些错误不仅花费的代价高,还会造成很恶劣的后果。测试的目的就是在软件投入正式运行之前尽可能多地发现其中的错误。当然,通过测试可以发现程序中的错误,但并不能完全排除程序中的所有错误。因此,对于保证软件可靠性来说,测试是一种不完善的技术。软件测试的重点包括数据处理算法和各操作功能的正确性。

4.5　数字信号处理技术

数字信号处理,是指用数值计算方法对数字序列进行各种处理,把信号变换成符合需要的某种形式。例如,对数字信号进行滤波以限制它的频带或滤除噪声和干扰或将信号进行分离;对信号进行频谱分析或功率谱分析以了解信号中的频谱组成,进而对信号进行识别和利用;对信号进行某种变换,使之更适合于传输、存储和应用;对信号进行编码以压缩数据或提高抗干扰能力等等。与模拟信号处理方法相比,数字信号处理方法具有如下的优点:

(1) 灵活性高。可通过对同一硬件配置进行编程控制来执行多种信号处理的任务。例如,一个数字滤波器可以通过重新编程来完成低通、高通、带阻、带通等不同的滤波任务,而模拟滤波器显然不具备这样的灵活性。

(2) 处理精度高。数字信号处理的精度取决于数字计算的有效长度,通常可以获得比模拟信号处理高得多的精度。

(3) 稳定性高。在数字信号处理中不存在模拟器件,也就不会出现相应的噪声、时漂、温漂等现象。

（4）重复性好。一个数字处理算法在不同计算机上运行得到的是同样的结果，而同一套设计参数的模拟电路做出的不同的电路板则不可能完全一致。

在平衡机测量中，采用数字信号处理技术可完成如下三类任务：

a）滤除混杂在有用信号中的噪声或干扰，即数字滤波；

b）用各类转换算法提取、估计信号中的相关信息，例如由反映不平衡矢量的交流数字信号估计不平衡矢量的幅值和相位；

c）在信号分析的基础上进行各种运算、识别、判断等，例如由不平衡矢量的幅值和相位进行校正平面分离的运算等。

4.5.1　正弦信号幅值和相位估计算法

1. 基于相敏检波原理的估计算法

反映转子不平衡的支承座振动信号，经过传感器转化为电信号，再通过信号调理电路放大、积分、滤波后，基本去除了混杂在与转速同频的振动信号中的干扰，得到信噪比较高的正弦波信号，该信号既可进一步通过模拟电路处理，也可直接经过 A/D 转换器转换成数字信号后再作进一步处理，计算出正弦波信号的幅值和相位。

如图 4.33 所示，假设转子旋转周期为 T，支承座振动信号为

$$u_i = A\sin(\frac{2\pi}{T}t + \varphi) \tag{4.21}$$

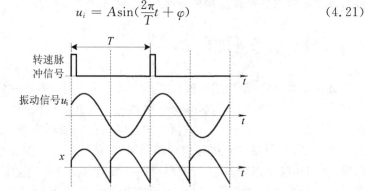

图 4.33　x 分量分解原理

式中，A 为振动信号的振幅，φ 为振动信号相对于转速脉冲信号的初相角。为求得振幅和初相角，可考虑对 u_i 进行 $0°\sim180°$ 半周平均得振动信号的 x 分量为

$$x = \frac{2}{T}\int_0^{T/2} u_i \mathrm{d}t = \frac{2}{T}\int_0^{T/2} A\sin(\frac{2\pi}{T}t + \varphi)\mathrm{d}t = \frac{2}{\pi}A\cos\varphi \tag{4.22}$$

类似地，对 u_i 进行 $90°\sim270°$ 半周平均得 y 分量为

$$y = -\frac{2}{T}\int_{T/4}^{3T/4} u_i\,dt = -\frac{2}{T}\int_{T/4}^{3T/4} A\sin\left(\frac{2\pi}{T}t + \varphi\right)dt = \frac{2}{\pi}A\sin\varphi \qquad (4.23)$$

因此，u_i 的幅值和相位分别为

$$\begin{cases} A = \dfrac{\pi}{2}\sqrt{x^2 + y^2} \\[2mm] \varphi = \arctan\left(\dfrac{y}{x}\right) \end{cases} \qquad (4.24)$$

在采用数字算法来计算振动信号的振幅和初相角时，首先对正弦信号进行数字采样，为计算的方便，每周期内采样点数为 4 的倍数，即 $4N$，采样数据为 d_i（$i = 0,1,2,\cdots,4N-1$），则有

$$x = \frac{1}{4N}\left(\sum_{i=0}^{2N-1} d_i - \sum_{i=2N}^{4N-1} d_i\right) \qquad (4.25)$$

$$y = \frac{1}{4N}\left(\sum_{i=0}^{N-1} d_i - \sum_{i=N}^{3N-1} d_i + \sum_{i=3N}^{4N-1} d_i\right) \qquad (4.26)$$

$$\begin{cases} A = \dfrac{\pi}{2}\sqrt{x^2 + y^2} \\[2mm] \varphi = \arctan\left(\dfrac{y}{x}\right) \end{cases} \qquad (4.27)$$

2. 基于相关原理的估计算法

为了测量转子的不平衡矢量，可以测量与转子转速同频的振动信号，该信号可表示为如下形式，即

$$y(t) = Y\sin(\omega_0 t + \varphi) + n(t) \qquad (4.28)$$

式中，ω_0 为转子旋转角频率，Y 为不平衡信号振幅，φ 为不平衡信号与基准信号的相位差，$n(t)$ 为随机干扰信号。

为了求出不平衡信号振幅 Y 和相位差 φ，可以构造两个正交信号 $\sin(\omega_0 t)$ 和 $\cos(\omega_0 t)$，将信号 $y(t)$ 分别与它们相乘，得

$$\begin{aligned} y_1(t) &= y(t)\sin(\omega_0 t) = Y\sin(\omega_0 t + \varphi)\sin(\omega_0 t) + n(t)\sin(\omega_0 t) \\ &= \frac{1}{2}Y\cos\varphi - \frac{1}{2}Y\cos(2\omega_0 t + \varphi) + n(t)\sin(\omega_0 t) \end{aligned} \qquad (4.29)$$

$$\begin{aligned} y_2(t) &= y(t)\cos(\omega_0 t) = Y\sin(\omega_0 t + \varphi)\cos(\omega_0 t) + n(t)\cos(\omega_0 t) \\ &= \frac{1}{2}Y\sin\varphi - \frac{1}{2}Y\sin(2\omega_0 t + \varphi) + n(t)\cos(\omega_0 t) \end{aligned} \qquad (4.30)$$

可以看到，式（4.29）和式（4.30）中，$\dfrac{1}{2}Y\cos\varphi$ 和 $\dfrac{1}{2}Y\sin\varphi$ 为直流分量，与输入信号 $y(t)$ 的频率 ω_0 无关。考虑正（余）弦函数的对称性以及随机干扰信号与正（余）弦信号的不相关性，利用求平均值方法便可以得到

$$\begin{cases} Y_1 = \dfrac{1}{2}Y\cos\varphi \\[2mm] Y_2 = \dfrac{1}{2}Y\sin\varphi \end{cases} \tag{4.31}$$

从而计算得到转子的不平衡量幅值 Y 和相位 φ 为

$$\begin{cases} Y = 2\sqrt{Y_1^2 + Y_2^2} \\[2mm] \varphi = \arctan\left(\dfrac{Y_2}{Y_1}\right) \end{cases} \tag{4.32}$$

综上可得,为了测得转子的不平衡信号,可以让信号分别乘以构造的正余弦信号,通过平均值法求得信号的不平衡量。

4.5.2 数字滤波器设计

数字滤波器是对数字信号进行滤波处理以得到期望的响应特性的离散时间系统。数字滤波器工作在数字信号域,它处理的对象是经由采样器件转换得到的数字信号。

1. 数字滤波器设计方法

数字滤波器根据其冲激响应函数的时域特性,可分为两种,即无限长冲激响应(IIR)滤波器和有限长冲激响应(FIR)滤波器。IIR 滤波器的特征是具有无限持续时间冲激响应,这种滤波器一般需要用递归模型来实现,因而有时也称之为递归滤波器。FIR 滤波器的冲激响应只能延续一定时间,在工程实际中可以采用递归的方式实现,也可以采用非递归的方式实现。数字滤波器可以表示为

$$y(n) = -\sum_{k=1}^{M} a_k y(n-k) + \sum_{k=0}^{N} b_k x(n-k) \tag{4.33}$$

式中,$x(n)$ 为输入序列,$y(n)$ 为输出序列,a_k、b_k 为滤波器系数。式(4.33)对应的系统函数以 z 变换表示为

$$H(z) = \frac{Y(z)}{X(z)} = \frac{\displaystyle\sum_{k=0}^{N} b_k z^{-k}}{1 + \displaystyle\sum_{k=1}^{M} a_k z^{-k}} = \frac{b_0 + b_1 z^{-1} + b_2 z^{-2} + \cdots + b_N z^{-N}}{1 + a_1 z^{-1} + a_2 z^{-2} + \cdots + a_M z^{-M}}$$

$$\tag{4.34}$$

当 $M \geqslant 1$ 时,上述滤波器的冲激响应为无限长,称为无限长冲激响应(IIR)滤波器,M 称为 IIR 滤波器的阶数,它表示系统中反馈环的个数。当 $M = 0$ 时,上述滤波器的冲激响应的长度为 $N+1$,故而被称作有限长冲激响应(FIR)滤波器。

设计 IIR 数字滤波器一般有以下两种方法:

（1）先设计一个合适的模拟滤波器，然后变换成满足预定指标的数字滤波器。这种方法很方便，这是因为模拟滤波器已经具有很多简单而现成的设计公式，并且设计参数已经表格化了，设计起来既方便又准确。将模拟滤波器变换成数字滤波器的常见方法包括：冲激响应不变法、阶跃响应不变法、双线性变换法等。

（2）计算机辅助设计法。这是一种最优化设计法。先确定一种最优准则，例如设计出的实际频率响应幅度与所要求的理想频率响应幅度的均方误差最小，或它们的最大误差最小等，然后求在此最佳准则下滤波器系统函数的系数 a_k、b_k。

设计 FIR 数字滤波器一般有以下三种方法：

（1）窗函数设计法。这种方法也称为傅里叶级数法。一般是先给出所要求的理想的滤波器频率响应 $H_d(e^{j\omega})$，要求设计一个 FIR 滤波器频率响应来逼近 $H_d(e^{j\omega})$。但是设计是在时域进行的，因而先由 $H_d(e^{j\omega})$ 的傅里叶逆变换导出，即

$$h_d(n) = \frac{1}{2\pi} \int_{-\pi}^{\pi} H_d(e^{j\omega}) e^{jn\omega} d\omega \tag{4.35}$$

由于 $H_d(e^{j\omega})$ 是矩形频率特性，故一定是无限长的序列，且是非因果的，而要设计的是 FIR 滤波器，其 $h(n)$ 必然是有限长的，所以要用有限长的 $h(n)$ 来逼近无限长的，最有效的方法是截断，或者说用一个有限长度的窗口函数序列 $w(n)$ 来截取，即

$$h(n) = w(n) h_d(n) \tag{4.36}$$

因而窗函数序列的形状及长度的选择就很关键。

常见的窗函数有：矩形窗、三角形（Bartlett）窗、汉宁（Hanning）窗、海明（Hamming）窗（改进的升余弦窗）、布拉克曼（Blackman）窗、凯泽（Kaiser）窗等。

（2）频率抽样设计法。该方法是从频域出发，把给定的理想频率响应 $H_d(e^{j\omega})$ 加以等间隔抽样，即

$$H_d(e^{j\omega}) \big|_{\omega = \frac{2\pi k}{N}} = H_d(k) \tag{4.37}$$

然后以此 $H_d(k)$ 作为实际 FIR 数字滤波器的频率特性的抽样值 $H(k)$，即令

$$H(k) = H_d(k) = H_d(e^{j\omega}) \big|_{\omega = \frac{2\pi k}{N}}, \quad k = 0, 1, \cdots, N-1 \tag{4.38}$$

对 $H(k)$ 做离散傅立叶变换（DFT），可得到 N 点的单位抽样序列 $h(n)$，即

$$h(n) = \frac{1}{N} \sum_{k=0}^{N-1} H_d(k) e^{j\frac{2\pi nk}{N}}, \quad n = 0, 1, \cdots N-1 \tag{4.39}$$

将 $h(n)$ 作为所设计的 FIR 滤波器的单位冲激响应，就可求出该滤波器的系统函数，即

$$H(z) = \sum_{k=0}^{N-1} h(n) z^{-n} \tag{4.40}$$

当然，$H(z)$ 也可用 $H(k)$ 来表示，将式(4.39)代入式(4.40)，经推导，有

$$H(z) = \frac{1}{N} \sum_{k=0}^{N-1} H(k) \frac{1 - z^{-N}}{1 - e^{-j\frac{2\pi k}{N}} z^{-1}} \tag{4.41}$$

滤波器的频率响应特性为

$$H(e^{j\omega}) = \sum_{n=0}^{N-1} h(n) e^{-j\omega n} = e^{-j\frac{N-1}{2}\omega} \sum_{k=0}^{N-1} \left[H(k) \times \frac{1}{N} e^{-j\frac{(N-1)k\pi}{N}} \times \frac{\sin\left[N\left(\frac{\omega}{2} - \frac{k\pi}{N}\right)\right]}{\sin\left(\frac{\omega}{2} - \frac{k\pi}{N}\right)} \right] \tag{4.42}$$

（3）最优化设计法。从 FIR 数字滤波器的系统函数可以看出，其极点都是在 z 平面的原点，而零点的分布是任意的。不同的零点分布对应不同的频率响应，最优设计实际上就是调节这些零点的分布，使得实际滤波器的频率响应 $H(e^{j\omega})$ 和理想滤波器的频率响应 $H_d(e^{j\omega})$ 之间的误差达到最小。设计 FIR 滤波器可以有两种最优化准则，即均方误差最小准则和最大误差最小化准则。

在设计数字滤波器时，一般要遵循下列步骤：

（1）按照任务的要求，确定滤波器的性能要求。

（2）用一个因果稳定的离散线性非时变系统的系统函数去逼近这一性能要求。系统函数有 IIR 系统函数及 FIR 系统函数两种。

（3）利用有限精度算法来实现这个系统函数。这里包括选择运算结构、选择合适的字长（包括系数量化及输入变量、中间变量和输出变量的量化）以及有效数字的处理方法（舍入、截尾）等。

（4）实际的技术实现，包括采用通用计算机软件或专用数字滤波器硬件来实现，或采用专用的或通用的数字信号处理器来实现。

随着计算机技术的发展，目前数字滤波器的设计已经有各种专用的或通用设计软件来进行辅助设计。其中应用最为广泛和通用的设计软件为大型计算软件 MATLAB 中的各种设计函数和滤波器设计工具。表 4.2 给出了 MATLAB 软件（版本 R2010b）中信号处理工具箱中常见的数字滤波器设计函数。

下面举例说明 MATLAB 滤波器设计函数的用法。

设计实例 1：试设计一个椭圆数字带通滤波器，已知数据采样频率为 1kHz，其指标为：信号的通带边缘频率为 $f_{pL} = 100\,\text{Hz}$ 和 $f_{pH} = 110\,\text{Hz}$，阻带边缘频率 $f_{sL} = 80\,\text{Hz}$，$f_{sH} = 130\,\text{Hz}$。通带波动 $R_p \leqslant 0.1\,\text{dB}$（通带误差不大于 5%），阻带衰减 $A_s \geqslant 42\,\text{dB}$。

表 4.2　常见的数字滤波器设计 MATLAB 函数

类　型	设计函数	说　明
FIR 滤波器	cfirpm	复数非线性相位等纹波滤波器设计
	fir1	窗函数法滤波器设计
	fir2	频率抽样滤波器设计
	fircls	最小二乘约束多带滤波器设计
	fircls1	最小二乘约束线性相位低通、高通滤波器设计
	firls	最小二乘线性相位滤波器设计
	firpm	Parks-McClellan 最优滤波器设计
	firpmord	Parks-McClellan 最优滤波器阶次估计
	intfilt	插值滤波器设计
	kaiserord	采用凯泽窗的滤波器阶次估计
	sgolay	Savitzky-Golay 滤波器设计
IIR 滤波器	butter	巴特沃斯滤波器设计
	cheby1	切比雪夫 I 型滤波器设计
	cheby2	切比雪夫 II 型滤波器设计
	ellip	椭圆滤波器设计
	maxflat	通用数字巴特沃斯(最大平坦的)滤波器设计
	yulewalk	递归数字滤波器设计
IIR 滤波器阶次估计	butterord; cheb1ord; cheb2ord; elliford	估计 IIR 滤波器的阶次

MATLAB 程序：

```
clear all;                %清空工作区
Wpl=100；Wph=110；        %输入带通边缘频率
Wsl=80；Wsh=130；         %输入带阻边缘频率
Rp=0.1；Rs=42；           %输入带通纹波和带阻衰减分贝数
fs=1000；                 %输入采样频率
[n,wn]=ellipord([Wpl，Wph]/(fs/2)，[Wsl，Wsh]/(fs/2)，Rp，Rs)；
                          %估计椭圆滤波器的阶次
[b,a]=ellip(n,Rp,Rs,[Wpl，Wph]/(fs/2))
                          %计算椭圆滤波器的系数
freqz(b，a，512，fs)      %绘制滤波器的系统特性
```

运行上述程序,可得到所设计的椭圆滤波器系统函数的系数为

$$b = [2.671 \times 10^{-3}, \ -8.292 \times 10^{-3}, \ 9.030 \times 10^{-3}, \ 0, \ -9.030 \times 10^{-3},$$
$$8.292 \times 10^{-3}, \ -2.671 \times 10^{-3}]$$

$$a = [-4.646, \ 10.07, \ -12.64, \ 9.677, \ -4.287, \ 0.8864]$$

滤波器的表达式为

$$H(z) = \frac{2.671 \times 10^{-3} - 8.292 \times 10^{-3} z^{-1} + 9.030 \times 10^{-3} z^{-2} - 9.030 \times 10^{-3} z^{-4} + 8.292 \times 10^{-3} z^{-5} - 2.671 \times 10^{-3} z^{-6}}{1 - 4.646 z^{-1} + 10.07 z^{-2} - 12.64 z^{-3} + 9.677 z^{-4} - 4.287 z^{-5} + 0.8864 a_1 z^{-6}}$$

$$(4.43)$$

滤波器的频率响应特性如图 4.34 所示。

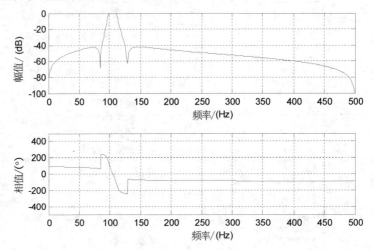

图 4.34　椭圆数字带通滤波器频率响应特性

设计实例 2:试设计一个 50 阶的 FIR 带通滤波器,已知数据采样频率为 1kHz,信号的通带边缘频率为 $f_{pL} = 100\text{Hz}$ 和 $f_{pH} = 110\text{Hz}$。

MATLAB 程序:

```
clear all;                    %清空工作区
b=fir1(50, [100/500, 110/500]);%调用 fir1 函数进行滤波器设计,采用
                                hamming 窗
freqz(b, 1, 512, 1000)        %绘制滤波器的系统特性
```

运行上述程序,得到滤波器的频率响应特性如图 4.35 所示。

IIR 与 FIR 数字滤波器具有各自的特点:

(1) 在相同的技术指标下,IIR 滤波器由于存在着输出对输入的反馈,所以可用比 FIR 滤波器较少的阶数来满足指标的要求,所用的存储单元少,运算次

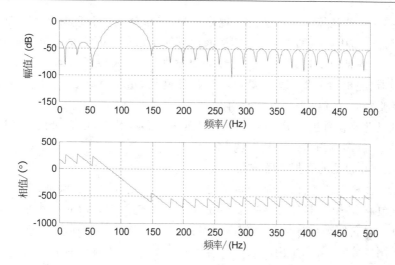

图 4.35　FIR 带通滤波器频率响应特性

数少,较为经济。例如,用频率抽样法设计阻带衰减为－20dB 的 FIR 滤波器,其阶数要 33 阶才能达到,而用双线性变换法设计只需 4～5 阶的切贝雪夫 IIR 滤波器即可达到指标要求,所以 FIR 滤波器的阶数要高 5～10 倍左右。滤波器的阶数决定了数据处理的时间消耗,因此在同等幅频特性的前提下,IIR 滤波器的计算效率要优于 FIR 滤波器。

(2) FIR 滤波器可得到严格的线性相位,而 IIR 滤波器做不到这一点,IIR 滤波器的选择性愈好,其相位的非线性愈严重。因而,如果 IIR 滤波器要得到线性相位,又要满足幅度滤波的技术要求,必须加全通网络进行相位校正,这同样会大大增加滤波器的阶数。从这一点上看,FIR 滤波器又优于 IIR 滤波器。

(3) FIR 滤波器主要采用非递归结构,因而无论是从理论上还是从实际的有限精度的运算上它都是稳定的,有限精度运算的误差也较小。IIR 滤波器必须采用递归结构,极点必须在 z 平面单位圆内才能稳定,对于这种结构,运算中的四舍五入处理有时会引起寄生振荡。

(4) 对于 FIR 滤波器,由于冲激响应是有限长的,因而可以应用快速傅里叶变换算法,这样运算速度可以快得多。IIR 滤波器则不能这样运算。

(5) 从设计上看,IIR 滤波器可以利用模拟滤波器设计的现成的闭合公式、数据和表格,因此计算工作量较小,对计算工具要求不高。FIR 滤波器则一般没有现成的设计公式,窗函数法只给出窗函数的计算公式,但计算通带、阻带衰减仍无明确的表达式。一般,FIR 滤波器设计仅有计算机程序可资利用,因而要借助于计算机。

(6) IIR 滤波器主要用于设计规格化的、频率特性为分段常数的标准低通、高通、带通、带阻、全通滤波器。FIR 滤波器则要灵活得多,例如频率抽样设计法,可适应各种幅度特性及相位特性的要求,因而 FIR 滤波器可设计出理想正交变换器、理想微分器、线性调频器等各种网络,适应性较广。目前已有许多 FIR 滤波器的计算机程序可供使用。

从以上比较看出,IIR 滤波器与 FIR 滤波器各有特点,所以可根据实际应用时的要求,从多方面考虑来加以选择。

2. 一些常见的数据处理方法

在平衡机电测单元中,被测转子的不平衡引起的支承座振动通过传感器、信号调理电路和 A/D 转换器转换成相应的数字量,电测单元中的微处理器取得这些数据并对它们进行分析和处理。当存在各种各样的干扰信号,使得测量数据混入无用成分时,可以采用滤波器滤除无用成分而提高数据的信噪比。利用数字滤波的方法消除随机噪声的干扰具有很大的优越性,比如,对于低频和甚低频噪声,采用模拟滤波器滤除是比较困难的,而采用数字滤波器则非常方便。数字滤波器完全采用软件编程的方法,无需增加任何硬件设备。它可以对频率很低或很高的信号进行滤波,使用灵活方便。数字滤波的方法有很多种,可根据干扰源性质和测量参数的特点来选择。常用的有以下几种:

(1) 程序判断滤波。当采样信号由于随机干扰、误检测等引起严重失真时,可采用程序判断滤波算法,该算法的基本原理是根据经验,确定出相邻采样输入信号可能的最大偏差 Δ。若相邻采样输入信号的差值超过此偏差值,则表明该输入信号是干扰信号,应该去掉,若小于此偏差值则作为此次采样值。程序判断滤波包括限幅滤波和限速滤波两种情况。

限幅滤波是把两次相邻的采集值进行相减,取其差值的绝对值作为比较依据,如果小于或等于 Δ,则取此次采样值;如果大于 Δ,则取前次采样值,即

$$y(k) = \begin{cases} x(k), & |x(k)-x(k-1)| \leqslant \Delta \\ x(k-1), & |x(k)-x(k-1)| > \Delta \end{cases} \tag{4.44}$$

式中,$x(k)$ 为第 k 次采样值,$y(k)$ 为第 k 次滤波器输出值。

限速滤波是把当前采样值 $x(k)$ 与前两次采样值 $x(k-1)$、$x(k-2)$ 进行综合比较,取差值的绝对值作为比较依据取得结果值,其表达式为

$$y(k) = \begin{cases} x(k-1), & |x(k-1)-x(k-2)| \leqslant \Delta \\ x(k), & |x(k-1)-x(k-2)| > \Delta, \ |x(k)-x(k-1)| \leqslant \Delta \\ [x(k-1)+x(k)]/2, & |x(k-1)-x(k-2)| > \Delta, \ |x(k)-x(k-1)| > \Delta \end{cases} \tag{4.45}$$

(2) 中值滤波。中值滤波是对某一次的采样序列 $\{x_i\}(i=1, 2, \ldots, N)$ 按

大小排序,形成新序列 $\{x'_i\}$,取有序列的中间值作为结果。排序算法可以采用"冒泡排序法"或"快速排序法"等。表达式为

$$y(k) = \begin{cases} x'_{(N+1)/2}, & N \text{ 为奇数} \\ [x'_{N/2} + x'_{N/2+1}]/2, & N \text{ 为偶数} \end{cases} \tag{4.46}$$

中值滤波能有效克服因偶然因素引起的数据波动或采样器不稳定引起的误码等脉冲干扰。

（3）算术平均滤波。算术平均滤波计算连续 N 个采样值的算术平均值作为滤波器的输出,即

$$y(k) = \frac{1}{N} \sum_{i=1}^{N} x_i \tag{4.47}$$

式中,$y(k)$ 为第 k 次 N 个采样值的算术平均值;x_i 为第 i 次采样值;N 为采样的次数。它适合于一般具有对称分布随机干扰的信号滤波。采用算术平均滤波,可将数据的信噪比提高 $\sqrt{N}$ 倍。

（4）递推平均滤波。算术平均滤波法每计算一次数据需测量 N 次,这不适于测量速度快的实时测量系统。而递推平均滤波只需进行一次测量就能得到平均值,它把 N 个数据看作一个队列,每次测量得到的新数据存放在队尾,而扔掉原来队首的一个数据,这样,在队列中始终有 N 个"新"数据,然后计算队列中数据的平均值作为滤波结果。每进行一次这样的测量,就可以立即计算出一个新的算术平均值。

（5）加权递推平均滤波。上述递推平均滤波法中所有采样值的权系数都相同,在结果中所占的比例相等,这会对时变信号引起滞后。为了增加新采样数据在递推滤波中的比重,提高测量系统对当前干扰的抑制力,可以采用加权递推平均滤波算法,对不同时刻的数据加以不同的权。通常越接近现时刻的数据,权取得越大。N 项加权递推平均滤波算法为

$$y(k) = \frac{1}{N} \sum_{i=1}^{N} w_i x_i \tag{4.48}$$

其中,$\sum_{i=1}^{N} w_i = N$。

（6）一阶惯性滤波。一阶惯性滤波的算法为

$$y(k) = Qx(k) + (1 - Q)y(k-1) \tag{4.49}$$

对于直流,有 $y(k) = y(k-1)$,由式（4.49）可得 $y(k) = x(k)$,即滤波器的直流增益为 1。如果采样间隔 ΔT 足够小,则滤波器的截至频率为

$$f_c \approx \frac{Q}{2\pi\Delta T} \tag{4.50}$$

系数 Q 越大,滤波器的截至频率越高。例如,若取 $\Delta T = 50\mu s,Q=1/16$,则 $f_c =$ 189.9Hz,滤波器的表达式为 $y(k)=\dfrac{1}{16}x(k)+\dfrac{15}{16}y(k-1)$。

(7) 复合滤波。有时为了提高滤波的效果,尽量减少噪声数据对结果的影响,常将两种或两种以上的滤波算法结合在一起,如可将限幅滤波或限速滤波与均值滤波算法结合起来,先用限幅滤波或限速滤波初步剔除明显的噪声数据,再用均值滤波算法取均值以剔除不明显的噪声数据。

4.6 电测单元的标定及检验

平衡机电测单元在装配、调试结束后,应在高速平衡机上进行标定、检验等试验,以确保高速平衡机的各项性能指标达到规定的要求。

4.6.1 机械支承座及传感器的灵敏度标定

在电测单元接入高速平衡机之前,应先将传感器正确安装到机械支承座上,然后标定两者的综合灵敏度。通过调节与传感器相连的放大衰减电路,使左、右机械支承座在相同的振动下传感器的电压输出值相同。标定步骤为:

(1) 根据机械支承座的规格选择合理的激振器不平衡量 U,由实测的机械支承座动态刚度,计算不同转速下传感器的理论输出值 E,将结果记入表 4.3 中。

(2) 在不同转速下启动激振器,用毫伏表测量传感器的输出,调节与传感器相连的放大衰减电路,使传感器的输出与该转速下的理论输出值尽量接近。

(3) 比较左右两套机械支承座传感器的输出,如果两者相差较大,则重新调节放大衰减电路,使两套机械支承座传感器在相同的激振器不平衡量和相同的转速下输出值尽量相近。

表 4.3 机械支承座及传感器的灵敏度标定记录表

激振器不平衡量: $U=$ _____ kg · mm

n /(r/min)	计算输出 E/mV	传感器实测输出值/mV
1000		
1500		
2000		
2500		
...		

4.6.2　电测单元的检验与评定

根据 GB/T4201—2006 规定,需校核平衡机最小可达剩余不平衡量 U_{mar}(或者最小可达剩余不平衡度 e_{mar})及不平衡量减少率 URR,考核要求见表 4.4。必要时应对多平面影响系数法软件程序进行考核验收。考核验收结束后,应用实物挠性转子进行高速平衡试验。

表 4.4　最小可达剩余不平衡度 e_{mar} 及不平衡量减少率 URR 考核要求

转子类型		试验项目	指标	备　注
校验转子:	kg	e_{mar}	$\leqslant$0.5g·mm/kg	
平衡转速:	r/min	URR	$\geqslant$95%	

4.6.3　其他项目试验

其他项目试验及技术要求见表 4.5。

表 4.5　其他项目试验及技术要求

试　验　名　称		技术要求	备　注
1. 电气控制设备试验	耐压试验	1 000V/1s 不击穿或飞弧	
	绝缘试验	>1 MΩ	
2. 试验机通用技术要求		GB/T 2611—2007	

第5章 高速平衡、超速试验室的构成

5.1 概述

　　高速平衡、超速试验室通常是一个独立的建筑结构,它主要由驱动系统、防爆真空筒体、大门、真空泵房、润滑油系统、控制室、辅机房等组成。试验室的作用在于保证转子高速平衡、超速试验的安全性,减小或消除空气的阻力以便能够进行正确的平衡。试验室一般建在总装车间旁边,以便于平衡试验及转子维修。

　　建造高速平衡、超速试验室是一个涉及多种技术的复杂工程,尽管高速平衡机是高速平衡试验室的关键设备,但为了确保转子在高转速下的平稳运行以及在超速或突发事故发生时的安全性,并可直接监测各系统的运行情况,高速平衡、超速试验室必须配备下列系统及装备:

　　ⓐ 驱动系统;　　　　ⓑ 防爆真空筒体;　　　ⓒ 抽真空系统;
　　ⓓ 油站、油路系统;　ⓔ 安全应急系统;　　　ⓕ 中央控制监测系统。

　　图 5.1 所示为高速平衡、超速试验室的示意图。图 5.2、图 5.3 所示为 100t 高速平衡试验室工艺布置图。

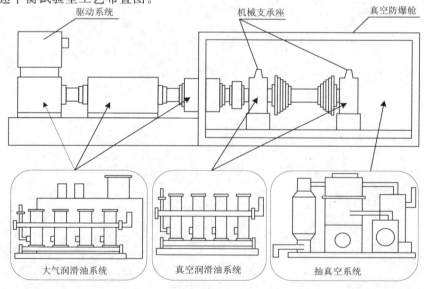

驱动系统　　　　　　　　机械支承座　　　　真空防爆舱

大气润滑油系统　　　　　真空润滑油系统　　　抽真空系统

图 5.1　高速平衡、超速试验室示意图

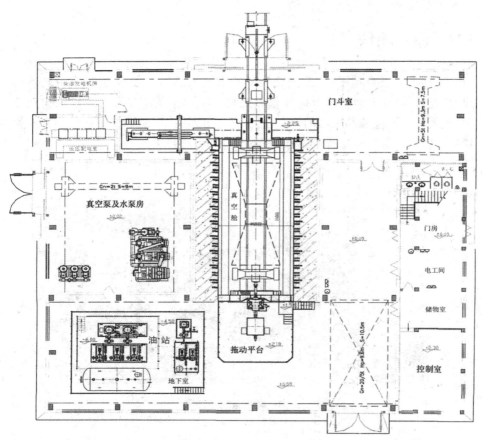

图 5.2　100t 高速平衡试验室工艺平面图

（上海辛克试验机有限公司,2007 年）

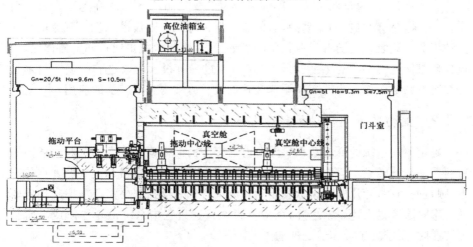

图 5.3　100t 高速平衡试验室工艺剖面图

（上海辛克试验机有限公司,2007 年）

5.2　驱动系统

　　驱动系统是高速平衡、超速试验室的重要组成部分之一,它通常由驱动电机、增速齿轮箱、中间轴及万向联轴器组成。驱动系统不仅要有足够的拖动功率、较大的调速范围和较高的调速精度,还必须保证其经济性、可靠性和技术先进性。图 5.4 所示为驱动系统的外形图。

图 5.4　驱动系统外形图

5.2.1　驱动系统的工作方式

　　高速平衡、超速试验室可采用多种驱动方式。世界各国的高速平衡机试验室,有的采用汽轮机作为驱动源,有的采用交流电机—直流发电机—直流电机作为动力和调速装置。随着工业技术的发展,采用直流电机主回路和励磁回路,由可控硅直流电源供电的驱动及调速方式,较过去有很大的改进和提高。目前采用交流变频电机作为驱动变频调速装置的设计方案得到了广泛的应用。

5.2.2　驱动系统电机功率的确定

　　确定驱动系统的电机功率要综合考虑多方面的因素。在高速试验筒体内进行高速平衡的转子,大多是具有叶片或圆盘的挠性转子,在粗真空或低真空状态下,圆盘的摩擦、叶片的鼓风以及驱动系统中各轴承摩擦都要消耗功率。选定驱动功率时除考虑上述因素之外,还应考虑在升速过程中系统出现一阶或二阶临界转速时,要求转子转速能迅速通过共振区。

假设电机输出扭矩为 M_o(Nm),齿轮箱输出轴扭矩为 M_g(Nm),电机输出扭矩的传输效率为 η,则有

$$M_g = \eta M_o \tag{5.1}$$

又设转子的转动惯量为 J(kg·m²),转子叶片鼓风损耗扭矩为 M_m(Nm),轴承摩擦损耗扭矩为 M_d(Nm),轮盘摩擦损耗扭矩为 M_t(Nm),则有

$$M_g - M_m - M_d - M_t = J \cdot \frac{\mathrm{d}(2\pi n/60)}{\mathrm{d}t} = \frac{\pi J}{30} \cdot \frac{\mathrm{d}n}{\mathrm{d}t} \tag{5.2}$$

如果转子从静止均匀加速到转速 n_e(r/min)的时间为 Δt(s),由式(5.1)、式(5.2)可得升速时间为

$$\Delta t = \frac{\pi J}{30} \int_0^{n_e} \frac{\mathrm{d}n}{\eta M_o - M_m - M_d - M_t} = \frac{\pi J n_e}{30(\eta M_o - M_m - M_d - M_t)} \tag{5.3}$$

假设被平衡转子的最大转动惯量为 $J_{max} = mR^2/2$[质量分布均匀的圆柱形转子,转子的质量为 m(kg),转子的半径为 R(m)],则电机的输出扭矩为

$$M_o = \frac{1}{\eta}\left(\frac{\pi m R^2 n_e}{60\Delta t} + M_m + M_d + M_t\right) \tag{5.4}$$

以此来估算驱动电机的功率。电机的输出功率为

$$P = M_o \cdot \frac{\pi n_e}{30}(\mathrm{W}) = M_o \cdot \frac{\pi n_e}{3} \times 10^{-4}(\mathrm{kW}) \tag{5.5}$$

5.2.3　齿轮箱及中间轴

由于驱动电机的最高输出转速达不到高速平衡机高速平衡或超速试验时的转速要求,因此一般要选用增速齿轮箱使转子转速达到规定的高速平衡或超速试验转速,如图 5.5 所示。齿轮箱各轴承装设有油温监测和振动监测系统,用于检测其工作状态。

图 5.5　齿轮箱及中间轴

齿轮箱两轴端分别与驱动电机及中间轴联接。在驱动电机端，一般采用法兰式弹性或刚性联轴器联接方式；在中间轴端，一般均采用内外齿套联轴器联接方式。

中间轴的主要功能是将齿轮箱输出扭矩传递到万向联轴器以驱动转子旋转。中间轴与万向联轴器间安装有刻度法兰盘，它位于真空筒体内的后墙板上。试验时真空筒体内的真空度一般达133Pa，对伸入筒体内的这段轴颈，设有两道密宫式动密封环，并用单独的旋片真空泵捕捉泄漏入筒体内的气体，以防止降低筒体内的真空度。

中间轴的轴瓦一般采用稳定性较好的可倾瓦轴承。为了能承受转子旋转时所产生的轴向推力，其中一只轴瓦应设置为径向轴向推力复合轴承。在每个轴瓦上均装设有温度传感器，用于监测轴瓦的工作温度。

中间轴在安装时应保证轴向可移动约±20mm，以便于装拆万向联轴器。

齿轮箱一般设有慢速盘车机构。当转子高速平衡或超速试验结束后，转子在热态下停留在筒体内，极易产生自重影响下的弯曲变形，通过盘车机构可使转子慢速旋转以减少弯曲变形。当主驱动电机停止后，即可开启盘车机构，使中间轴—万向联轴器—转子做 $1\sim6r/min$ 的旋转。利用盘车机构还可使转子做点动旋转，调整转子的加重平面位置，以便放置和调整平衡块。主驱动电机和齿轮箱盘车电机之间必须互锁。

也可以将盘车机构设置在中间轴箱上。在中间轴上装有大齿轮和滑移小齿轮，通过回转油缸及拨叉控制齿轮的啮合和脱开。同样，主驱动电机和齿轮箱盘车电机之间均设置互锁功能。

最后，值得指出的是，中间轴的刻度法兰盘在安装和制造中要求较高。为保证驱动系统输出最大扭矩，刻度法兰盘与主轴配合面不应打滑，安装时一般采用液压胀压法，并且与主轴一起进行平衡校验。

5.3 防爆真空筒体

高速平衡、超速试验室的防爆真空筒体具有防爆、抗穿甲能力以及较好的密封性和强度。转子在进行高速平衡或超速试验时，可能会发生转子叶片断裂、平衡配重块飞逸，甚至发生转子叶轮破碎、转子爆裂等现象。当发生这类现象时，筒体内壁的钢板层在巨大的冲击能量撞击下可能被击穿，甚至防护层也会遭到破坏。这类事故虽非经常发生，但也不可完全避免。国内外均曾发生过这样的事故，如德国汉堡一高速试验室，在进行高速平衡试验时，一根质量为二十多吨的汽轮机转子发生断裂飞逸，导致1.5m厚的防护筒体遭到撞击而破裂。国内某高速平衡试验筒体也曾发生因转子叶片的断裂飞逸、万向联轴器断裂,造成筒体防护钢板被击穿的事故。因此,防爆真空筒体必须具有防爆、抗穿甲能力,以保证高速平衡或超速试验的安全。

为减少转子特别是带叶片的转子和多级泵状转子在高速旋转下的摩擦功耗,高速平衡或超速试验必须在真空状态下进行。因此筒体应设计成一个真空容器。当筒体内处于较高的真空度(一般绝对压力约 133Pa),筒体外的压力为大气压,此时筒体的后墙板、大门均受到较大的压力而产生一定的变形。因此要求防爆真空筒体具有较好的密封性和强度。对筒体的焊缝不允许有气泡渗漏现象,筒体建成后应对筒体大门、小门等密缝处进行渗漏检查。

防爆真空筒体的结构如图 5.6 所示。筒体内底部左、右对称地焊有较密的筋板,筋板上沿轴向铺设床身导轨,用于支承机械支承座和转子。筒体外焊有加强环状筋并浇灌 1.5~2.5m 厚的钢筋混凝土防护层,且与地下的基础浇灌成一个整体,以形成一个质量大、刚度高的平衡试验用的基础。

防爆真空筒体也可采用移动结构形式。这种结构采用多层厚钢板焊接成装甲能力很强的舱体,该舱体置于床身导轨上,通过液压托起,由电动控制其移动。筒体关闭时,将高速平衡机和转子全部罩住,舱内真空度可达 133Pa 以下,具有良好的密闭性能。这类移动式防爆筒体仅适用于质量不大、长度不长的转子平衡试验,其优点是结构紧凑、占地面积小、操作简便省时。

防爆真空筒体的大门一般可采用悬挂式和支承式两种结构。大门由钢结构焊接而成。对悬挂式大门,在大门上部安装有大门导向架及电动小车,下部安装有大门导轨基础。大门由两根铰接连杆悬挂在两部电动小车上,当大门左右两侧圆销插入筒体端口的两油缸活塞孔中时,操控就地设置的液压油站,大门就被拉紧贴于筒体密封法兰面上。当筒体放气后,油缸可将大门推离接合端面。

对支承式大门,大门由多块长条矩形弹簧板支承在两台移动平车上,两台平车沿大门地沟的导轨可做来回移动,将大门移动到关合的位置。通过大门上端固定槽中的导轮,可保证大门移动时的支承稳定性。

大门的开启与关闭必须与翻转桥架的下降和升起实现互锁。

筒体内敷设有床身导轨,床身导轨应与筒体试验基础牢固连接,以提高床身导轨的垂直刚度和水平刚度。高速平衡机的机械支承座安装在筒体内的床身导轨上,为保证高速平衡试验的精度,在筒体安装时应注意床身导轨与筒体基础的相互连接松紧、导轨与驱动轴线的对称度、平行度等。

图 5.6　防爆真空筒体的结构图

5.4　抽真空系统

　　转子在空气中旋转时的摩擦发热、鼓风功耗随空气的密度,即随真空度的提高而降低。为了降低高速平衡试验或超速试验过程中的摩擦发热、鼓风功耗,高速平衡试验、超速试验室配备有抽真空系统。目前,试验筒体的真空度一般均设定在小于 133Pa(1Torr 或 1mmHg)。图 5.7 所示为抽真空系统的外形图。

图 5.7　抽真空系统外形图

　　抽真空系统的配置应优先考虑下列因素:

　　(1) 平衡过程是"起动—平衡—停机"断续反复的过程,测量平衡时间短,筒体的抽气、放气相应频繁,所以要求所选的真空泵组的抽速压强范围要宽一些。在设计规定的抽气时间内,使筒体真空度抽到 133Pa 以下。抽气时间的长短应视筒体容积大小而定,目前一般控制在 20～60min 范围内。对于筒体较小的防

爆舱仅用 $10\sim15min$ 即可达到真空度要求。

（2）筒体大门初步关闭后,仅靠油缸拉力将大门拉压在筒口密封圈上,真空设备启动初始阶段应具有较大的抽吸能力,使筒体内迅速达到一定的真空度,利用筒体内外压差使大门和密封圈紧密贴合,防止大气渗入舱内。

（3）要求真空泵组的极限真空度远比工作真空度高。在 133Pa 的工作真空度下,因筒体动密封泄漏,小门、大门等处静密封及管线接头等处不可预见的泄漏会造成真空度降低,泵组的抽吸能力必须具备相应的补偿能力,以保证筒体内的真空度维持在 133Pa 以下。泵组的安装位置尽量靠近真空舱筒体,缩短抽气管路,避免因抽气管路过长造成抽气能力下降。

目前,高速平衡试验室所采用的抽气设备多为罗茨泵与旋片泵的组合。主泵采用罗茨真空泵,其结构紧凑,在很宽的压强范围内,有很大的抽速,效率高。但罗茨泵不能把气体直接排入大气,必须和前置的真空泵串联使用,才能将所抽气体排入大气。前置泵通常采用旋片泵、滑阀真空泵等。根据筒体容积大小和抽至工作真空度的时间要求,配置三级真空泵组的形式也是常有的,即第一级、第二级为罗茨泵,第三级为旋片泵。

（4）驱动系统中间轴穿越筒体后墙板,是转子驱动系统的一部分。在旋转情况下,应对泄漏环节采取密封措施,以使旋转状态下的漏气量尽可能小,这种措施一般称为动密封。动密封也是抽真空系统的一部分。动密封的内腔设有两道密封环,环与中间轴配合间隙一般控制在 $0.3\sim0.4mm$,每道密封环腔室均有独立的抽气口接至真空泵抽吸管路,真空泵均为滑阀泵。根据泵的抽吸能力,可选用一台或两台,即可防止和减少筒体真空度的下降。

5.5　油站、油路系统

5.5.1　真空润滑油系统

转子为减小风阻必须在真空环境下运行。准备平衡的转子安装在动平衡机机械支承座的轴瓦上,轴瓦中的润滑油由真空润滑油系统提供。真空润滑油系统由低位真空油箱、高位真空油箱、螺杆泵、加热器、冷油器、滤油器、液位计、压力传感器等构成。图 5.8 所示为真空润滑油系统的外形图。供油管路布置在真空筒体内,由快换接头软管接至机械支承座为其提供轴承润滑。回油管从筒体内接至低位真空油箱。在正常工作情况下,开启低位真空油箱即可满足润滑要求。油泵应选用回吸性能好的产品。为避免油泵气蚀,一般油泵的进油口高度应低于油箱最低液面,考虑到真空回油的压差流速问题,一般低位真空油箱均设置于地面标高下负 4～5m 的地坑内,泵的设置位置比油箱还要低一些。

高位真空油箱的润滑油,由低位真空油箱供给,箱内设有液位传感器、溢油漏斗、电加热器等。当紧急停电时,可暂时提供转子因惯性、惰转期间的轴承润滑油。油的压力大小与所放置的高度有关,一般高位真空油箱均设置在 10m 以上。

启动大转子之前,必须先开通顶轴油路的供油回路,将转子顶起。顶轴油路是由两台高压齿轮泵,从低位真空油箱供油母管上吸油,分别供给筒体内两个机械支承座的轴承,油压一般在 16～20MPa。

转子刚启动时,机械支承座上的轴承油膜尚未形成,为减少转子轴颈与轴瓦的摩擦损坏,当转速达到 300r/min 左右时,才可切断顶轴供油。

未经脱气处理过的润滑油,一般均含有 4%～5% 左右的水分和气体,在真空状态下逸出的气体会影响油膜形成,破坏筒体真空度。国外真空泵生产企业曾做过试验:水(H_2O)在 20mbar 真空度下即开始气化;混合在油中的水分一般在 10mbar 即生成气体逸出;1kg 的水在 1mbar(100Pa)真空度下可挥发出大约 1 000m³/bar 气体。

国内外高速平衡、超速试验室的真空油脱气方式有两种,一种是脱气装置自成独立系统。在油箱顶上装设有脱气塔,塔内填充金属刨花以增大流油抽气面积。在开车前进行脱气,脱气时润滑油经专用油泵打入塔顶喷淋管路,塔上设置的抽气管路与真空泵油水分离器相连,箱内的润滑油不停地打入脱气塔,再流入油箱,不断地重复循环,运行一段时间,即完成油脱气工作。

另一种油脱气方式也是目前常采用的方式,即脱气装置与真空筒体共用一套真空系统。真空筒体在抽真空的同时,真空油箱内的润滑油也进行脱气。当筒体真空度达到工作真空度时,润滑油基本已达到脱气要求。这种方式较前一种虽然结构简单,但抽真空容量较大,功率消耗较大。

图 5.8　真空润滑油系统外形

5.5.2　大气润滑油系统

　　高速平衡、超速试验室的驱动设备如驱动电机、增速齿轮箱、中间轴装置等，均布置在大气环境下工作。这些设备的轴承润滑冷却均靠大气润滑油系统来保证。大气润滑油系统主要设备包括低位大气油箱、高位大气油箱以及螺杆泵、冷油器、滤油器、加热器、液位计、压力温度显示器等。高位大气油箱容积一般较低位大气油箱小得多，它主要用于试验室系统断电突发事故时，为保障驱动设备的安全停机提供一定压力的润滑油。因此，高位大气油箱与高位真空油箱均放在同一高处。图 5.9 所示为大气润滑油系统的外形图，图 5.10 所示为大气润滑油系统的部分管路布置图。

图 5.9　大气润滑油系统外形图

图 5.10　大气润滑油系统的部分管路

5.5.3 变刚度油站

变刚度油站的主要作用是抑制激烈的突发振动以及在升速过程中旁移临界转速,通过在控制室操作按钮,使变刚度机构瞬间夹紧或放开,以达到改变支承刚度的目的。变刚度油站油路的进油仅需一根油管,它从油站布置到筒体内,工作时必须用带快速接头的高压软管,分别与前后平衡机摆架连接。油站由高压齿轮泵、电磁阀、滤油器、压力继电器、储能器等组成,工作油压一般维持在 25～28MPa。

5.5.4 辅助油站

筒体大门关闭时,为减少大气输入,筒体两边的油缸由辅助油站供油,将大门拉紧。筒体放气时,油缸推动大门;大门关闭前,必须通过油缸将翻转桥架竖起 90°;大门打开后,油缸动作将翻转桥架降落至工作位置。油缸动作的油源均由设置在大门旁边的辅助油站供给。

注意,大门与翻转桥的开启或关闭必须设置电气互锁。

5.6 安全应急系统

转子在高速平衡试验过程中,主驱动控制系统中应设置下列联锁停机功能:当出现主驱动电机电流过高、或者冷却水温过高、或者定子温度过高、或者轴瓦温度超过限定值、或者出现通风等故障、或者辅助系统的润滑油进油压力过低、或者轴承瓦温或回油温度过高等情况时,应立即停机。此外,在控制室操作台上设有紧急停机按钮,筒体内也设有紧急停机按钮。由于转子高速旋转时惯性很大,即使采用能耗制动,亦需数十分钟或更长时间才能完全停止,因此驱动系统和机械支承座的轴承供油必须具有很高的可靠性,一般采用以下安全应急措施以提高系统的安全性:

(1)润滑油站设计中必须设置备用油泵,如果其中一台油泵出现故障时,备用泵即可启动,以保证正常工作。

(2)供油泵常用两个交流电源供电,以便保障油泵正常工作。

(3)设置一台柴油发电机供给油泵电源,柴油发电机一般要求在冷态下 0.5～1min 即可供电。

(4)在大气及真空高位油箱断电时,能够立即开启阀门将润滑油注入各轴瓦,起到保护轴颈与轴瓦的作用,以免轴颈和轴瓦受到损坏。

5.7　中央控制监测系统

中央控制监测系统主要由平衡测量系统、驱动操作控制系统、辅机测量监控系统组成,其功能结构如图 5.11 所示。整个系统装置集中在控制室内进行操作、测量和控制,操作人员可直接在控制室内操作控制各系统设备和进行平衡测量。

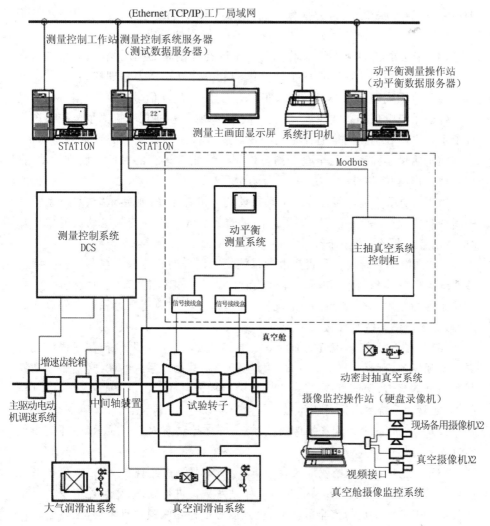

图 5.11　中央控制监测系统的功能结构

中央控制监测系统的结构和功能说明如下：

（1）辅机测量监控系统主要由驱动系统辅机测量监控系统、润滑油系统测量监控系统、抽真空系统测量监控系统、现场摄像监控系统和计算机大屏幕显示系统等组成，实现工艺辅机系统数据测量处理显示存储、运行状态监控、故障信号报警和联锁停机（驱动系统变频电动机）等功能，其中抽真空系统测量监控系统控制柜由抽真空泵组成套供货。

（2）一般采用集散式（DCS）控制系统，实现对各工艺系统和试验转子本体的检测、报警和联锁控制，为操作人员提供一个实时的、直观的、全面的监控平台。控制系统主要由一个 DCS 机柜和若干个操作站组成。

（3）采用小型 DCS 控制器作为各子系统在控制室的控制核心单元，同时在现场设置若干按钮箱用于现场手动操作。上位计算机作为管理核心，在组态平台上实现对系统的组态、参数设置、实时动态监控、故障信号报警、数据打印等功能。各子系统以现场总线相连，组成开放式总线系统，实现辅机测量监控系统中各子系统之间和辅机测量监控系统与驱动操作控制系统之间的数据高速通信，达到辅机测量监控系统乃至整个测量控制系统正常运行的目的。设有手动/自动两种操作模式，以使操作方便，运行安全可靠。

（4）驱动系统辅机包括变频电动机的通风冷却系统、加热系统、水冷系统和中间轴装置、盘车装置运行状态等的测量监控单元。检测变频电动机各项指标时，应进行必要的联锁保护。

（5）润滑油系统辅机负责润滑油系统相关设备的起停联锁控制。根据润滑油系统现场各检测信号（如压力、温度、液位等）及与其相关系统的联锁信息，自动控制各油箱电加热器、油泵、电动阀门等，提供符合规定压力和温度的设备润滑油，保证驱动系统机械设备运行正常。

（6）抽真空系统辅机负责抽真空系统相关设备的起停联锁控制。根据抽真空系统现场各检测信号（如真空度、温度等）及与其相关系统的联锁信息，自动控制各抽真空泵组，保证真空舱内、中间轴装置动密封和低位真空油箱脱气塔真空度，保证驱动系统真空运行正常。

（7）真空舱内设置现场摄像监控系统，并在控制室内实时显示，保证整个试验过程的可见性。

（8）一般测点由现场就地仪表测量显示，重要测点经现场一、二次仪表采集信号至 DCS 机柜，由 DCS 系统相应操作站对数据进行处理、显示并记录。对于涉及整个工艺系统运行安全的测点，设置信号报警和联锁停机装置，主要信号报警和联锁停机测点包括：

➤ 润滑油进油压力；

- ➤ 润滑油箱液位；
- ➤ 润滑油系统中各滤油器进出口压差；
- ➤ 润滑油箱油温；
- ➤ 轴承轴瓦温度；
- ➤ 润滑油回油温度；
- ➤ 顶轴油泵进、出口压力；
- ➤ 抽真空泵组冷却水压力；
- ➤ 真空泵泵体温度；
- ➤ 主抽真空泵组故障停机；
- ➤ 变频电动机转速；
- ➤ 变频电动机定子温度；
- ➤ 变频电动机通风冷却器进出口风压差；
- ➤ 变频电动机通风冷却器出口风温；
- ➤ 变刚度油站蓄能器压力；
- ➤ 变刚度油站中各滤油器进出口压差；
- ➤ 柴油机发电机组冷却水进水温度；
- ➤ 试验转子转速；
- ➤ 现场紧急停机按钮等。

（9）为便于操作人员观察和协调，控制室内另设计算机大屏幕显示系统。工艺系统和试验转子本体运行状态、被测参数由各 DCS 操作站通过网络传送并显示在计算机大屏幕上。

图 5.12 所示为中央控制监测系统的实景图。

图 5.12　中央控制监测系统实景图

5.8 其他辅助装置

其他辅助装置包括:

(1) 翻转桥。翻转桥作为运输平车通过真空筒体大门地坑的过桥,由支撑桥架、液压油管等组成,设有位置开关,并与大门开启、关闭互为联锁。

(2) 运输平车。平衡试验用的转子及支撑转子的前后两个机械支承座,分别由两部运输平车运入真空筒体,通过油缸将机械支承座下降就位后,运输平车退出筒体。平衡试验结束后,运输平车再将机械支承座及转子运出筒体。运输平车的液压站及电气操控系统均设置在车身上,油缸顶起的吨位视最大试验转子质量而定。油缸一般顶起高度为40~50mm。

(3) 循环冷却水系统。循环冷却水系统用于冷却润滑油、真空泵、主驱动电机。润滑油系统的冷却采用油冷方式,主轴真空泵的冷却采用水冷方式,对主驱动电机的冷却可采用油冷或水冷方式。

(4) 高、低压开关柜。指电气系统中的高压开关柜及辅机系统中的低压开关柜。

(5) 起重设备。起重设备用于驱动系统及油站的安装起吊。一般在试验室内设10~20t单梁桥式起重机,在真空筒体顶部设有单轨电动葫芦吊车,以便在筒体内装卸轴承盖。

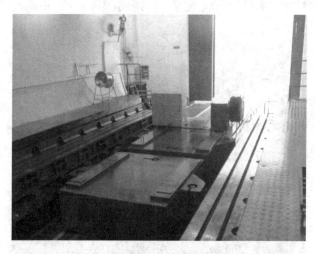

图 5.13 运输平车

图 5.14 装载在运输平车上的机械支承座和汽轮机转子

附录 A　高速平衡技术的理论基础

A.1　平衡的目的

　　实际的转子是一个复杂的弹性系统。在转子运转过程中,将同时产生弯曲振动和扭转振动。因为离心力通过转动轴,并不构成干扰扭矩,所以可以不考虑扭转振动而仅考虑弯曲振动。一个弹性转子在做弯曲振动时,具有各阶固有频率和主振型。转子转动时产生的离心力构成了外加干扰力,干扰力的频率等于转子转动的转速。当转子旋转的角速度 ω 与转子弯曲振动的第一阶固有频率相等时,干扰力将引起转子第一阶主振型的共振,这时转子的转速称为第一阶临界转速。同样的,当转子旋转的角速度与转子弯曲振动的第二阶固有频率相等时,转子将被激起第二阶主振型的共振,此时转子的转速称为第二阶临界转速。余可类推。一般地,当转子的转速小于第一阶临界转速的 70% 时,转子在回转过程中不会产生明显的弯曲变形,在这种转速下运转的转子称为刚性转子。当转速接近或超过第一阶临界转速时,转子将产生明显的弯曲变形——动挠度,称在这种工作状态下的转子为挠性转子。因此,转子的平衡又可分为刚性转子平衡和挠性转子平衡两种形式。

　　刚性转子平衡和挠性转子平衡的目的是不同的。在刚性转子平衡中,转子本身已被看成是刚体,所以平衡的任务就是通过在转子上加上(或减去)某些质量,使得加重(或去重)所产生的离心惯性力与转子由于加工、装配误差而造成的初始不平衡量所产生的离心惯性力相抵消,从而消除或降低转子对支承的动压力和整个机械系统的振动。挠性转子平衡的任务,不但要通过加重(或去重)平衡初始不平衡量的刚体惯性力,而且还要消除转子的动挠度。由此也可以看出,两种不同类型的平衡属于两种不同的力学问题,刚性转子的平衡是一个理论力学问题,而挠性转子的平衡是一个弹性动力学问题,后者比前者复杂得多。直至目前,仍有许多理论问题和技术问题有待解决。

A.2　刚性转子的平衡条件

如图 A.1 所示,转子由于材质不均匀以及加工、装配误差等原因造成各个横截面质心与几何旋转轴线不重合,在各个横截面上其局部质量中心的偏心距的大小和方向都是不同的,可用一个矢量 e 来表示,它是截面位置 z 的函数,记为 $e(z)$。$e(z)$ 的矢端曲线构成一个空间曲线,称为转子横截面的质心曲线。由于转子结构的复杂性,质心曲线可能是一条非连续的曲线,为画图和理解上的方便,在图 A.1 中把它画成一条空间连续曲线。质心曲线一般是不可能预先确定的。

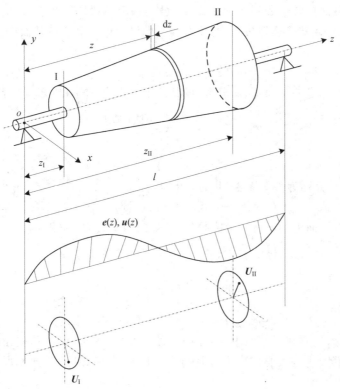

图 A.1　刚性转子的平衡

转子的原始不平衡量除了可以用质心偏移量 $e(z)$ 表示以外,还可以用重径积 $u(z)$ 来表示。重径积可表示为

$$u(z)=m(z)e(z) \tag{A.1}$$

式中,$m(z)$ 是转子沿轴向的质量线密度。对于一个实际的转子,在轴向全长上

$m(z)$ 不一定是 z 的连续函数,所以 $u(z)$ 也不一定是 z 的连续函数。下面讨论时认为 $u(z)$ 是连续的,这对说明转子的平衡原理没有关系。$u(z)$ 也示意性地画在图 A.1 中。

当转子以角速度 ω 转动时,由于原始不平衡量的存在,转子上产生一个离心惯性力系 $\boldsymbol{F}_g(z)$。显然有

$$\boldsymbol{F}_g(z) = m(z)\omega^2 \boldsymbol{e}(z) = \omega^2 \boldsymbol{u}(z) \tag{A.2}$$

$\boldsymbol{F}_g(z)$ 可以表示出惯性力沿 z 方向分布的密度和方向。

从下面的讨论可以看出,对于原始不平衡量产生的离心惯性力系 $\boldsymbol{F}_g(z)$,仅需要在两个横截面上加重(或去重)就可以平衡。

对图 A.1 所示的有连续分布的不平衡质量的情况,假想用无穷多个与 z 轴垂直的横截面把转子分割成无穷多个微段,每个微段的长度为无穷小 dz,质量为 $m(z)dz$。在转子回转过程中,位置为 z 的微段由于质心偏移而产生的离心惯性力为

$$m(z)\mathrm{d}z\omega^2 \boldsymbol{e}(z) = \boldsymbol{F}_g(z)\mathrm{d}z \tag{A.3}$$

将它向两个选定的平面 I、II 分解,设其两个分力为 $\mathrm{d}\boldsymbol{F}_{\mathrm{I}}$ 和 $\mathrm{d}\boldsymbol{F}_{\mathrm{II}}$,则有

$$\begin{cases} \mathrm{d}\boldsymbol{F}_{\mathrm{I}} = \dfrac{z_{\mathrm{II}} - z}{z_{\mathrm{II}} - z_{\mathrm{I}}} \boldsymbol{F}_g(z)\mathrm{d}z \\[3mm] \mathrm{d}\boldsymbol{F}_{\mathrm{II}} = \dfrac{z - z_{\mathrm{I}}}{z_{\mathrm{II}} - z_{\mathrm{I}}} \boldsymbol{F}_g(z)\mathrm{d}z \end{cases} \tag{A.4}$$

式中,z_{I}、z_{II} 分别为平衡面 I、II 的 z 坐标。

把在全长 l 上所有的每一个微段的离心惯性力都向 I、II 两平面分解,然后再把每一个平面上的所有的分力叠加,即得到两个合力 $\boldsymbol{F}_{\mathrm{I}}$ 和 $\boldsymbol{F}_{\mathrm{II}}$

$$\begin{cases} \boldsymbol{F}_{\mathrm{I}} = \displaystyle\int_0^l \mathrm{d}\boldsymbol{F}_{\mathrm{I}} = \int_0^l \dfrac{z_{\mathrm{II}} - z}{z_{\mathrm{II}} - z_{\mathrm{I}}} \boldsymbol{F}_g(z)\mathrm{d}z \\[4mm] \boldsymbol{F}_{\mathrm{II}} = \displaystyle\int_0^l \mathrm{d}\boldsymbol{F}_{\mathrm{II}} = \int_0^l \dfrac{z - z_{\mathrm{I}}}{z_{\mathrm{II}} - z_{\mathrm{I}}} \boldsymbol{F}_g(z)\mathrm{d}z \end{cases} \tag{A.5}$$

$\boldsymbol{F}_{\mathrm{I}}$ 和 $\boldsymbol{F}_{\mathrm{II}}$ 这两个力完全与由原始不平衡量 $u(z)$ 产生的离心惯性力系 $\boldsymbol{F}_g(z)$ 等效。因此,只要在平衡面 I 和 II 内分别加上两个平衡质量,其重径积记为 $\boldsymbol{U}_{\mathrm{I}}$ 和 $\boldsymbol{U}_{\mathrm{II}}$,使其产生的离心惯性力分别与 $\boldsymbol{F}_{\mathrm{I}}$ 和 $\boldsymbol{F}_{\mathrm{II}}$ 大小相等,方向相反,转子即获得平衡。

根据理论力学的力系简化与平衡原理,将此平衡力系向一点(现在选坐标原点 O)简化,得到主矢 $\boldsymbol{R}$ 和主矩 $\boldsymbol{M}_O$,令主矢、主矩分别为零,得到

$$\begin{cases} \boldsymbol{R} = \displaystyle\int_0^l \omega^2 \boldsymbol{u}(z)\mathrm{d}z + \omega^2 \boldsymbol{U}_{\mathrm{I}} + \omega^2 \boldsymbol{U}_{\mathrm{II}} = 0 \\[4mm] \boldsymbol{M}_O = \displaystyle\int_0^l \omega^2 z \times \boldsymbol{u}(z)\mathrm{d}z + \omega^2 z_{\mathrm{I}} \times \boldsymbol{U}_{\mathrm{I}} + \omega^2 z_{\mathrm{II}} \times \boldsymbol{U}_{\mathrm{II}} = 0 \end{cases} \tag{A.6}$$

式(A.6)也可表示为

$$
\begin{cases}
\int_0^l \boldsymbol{u}(z)\mathrm{d}z + \boldsymbol{U}_{\mathrm{I}} + \boldsymbol{U}_{\mathrm{II}} = 0 \\
\int_0^l z\boldsymbol{u}(z)\mathrm{d}z + z_{\mathrm{I}}\boldsymbol{U}_{\mathrm{I}} + z_{\mathrm{II}}\boldsymbol{U}_{\mathrm{II}} = 0
\end{cases}
\tag{A.7}
$$

式(A.7)就是刚性转子平衡所加的校正量应满足的方程。

A.3　挠性转子的振型平衡原理

转子在两个平衡面加上校正量 $\boldsymbol{U}_{\mathrm{I}}$ 和 $\boldsymbol{U}_{\mathrm{II}}$ 之后,虽然消除了对支承的动压力,但是并不能消除由原始不平衡量 $\boldsymbol{u}(z)$ 和校正量 $\boldsymbol{U}_{\mathrm{I}}$、$\boldsymbol{U}_{\mathrm{II}}$ 共同产生的离心惯性力系引起的转子的弹性变形,只是当转子的转速远低于转子的一阶临界转速时,弹性变形很小,可以忽略不计。但是当转子的转速接近或超越其临界转速时,动挠度迅速增加。而动挠度的出现,会使各个横截面的质心与几何回转中心的偏移量大大增加。

设 $S(z)$ 表示挠性转子的挠度曲线,则转子的横截面质心曲线由 $e(z)$ 变成 $S(z)+e(z)$,这时,由质心偏移而产生的惯性力系为

$$
q_\mathrm{g}(z) = m(z)\omega^2[S(z)+e(z)]
\tag{A.8}
$$

很明显,原来处于刚性平衡的转子不再能保持平衡了。这就需要我们采取新的平衡措施,即在更多的横截面内加校正质量,以平衡转子内的动挠度和动应力。同时还须保证新加的校正量对支承产生的动压力也是平衡的。

挠性转子的弹性变形即转子的动挠度曲线与转速密切相关,所以挠性不平衡量的大小和相位都随着转速的变化而变化。这样,在一种转速下校正平衡了的挠性转子,在其他转速下又呈现不平衡。因此,对挠性转子进行平衡,应解决以下几个问题:

a) 平衡一个转子需要选择几个校正面?

b) 这些校正面处于什么位置?

c) 进行平衡时,转子的转速应该调到多少?

d) 校正质量的大小和相位如何确定?

要解决这些问题,必须从了解挠性转子的动挠度随着转子转速的变化而变化的规律入手。

工程上实际应用的转子都是一个复杂的轴系,而且结构形式多种多样,但是对于说明挠性转子的平衡原理,仅考察一个两端简支的等截面转子的变形规律就可以了。

如图 A.2 所示为两端简支在刚性支承上的等截面转子。设其截面抗弯刚度为 EI(E 为转子材料的弹性模量；I 为截面惯性矩)，质量线密度为 $m(z)$，假设其为常量。图 A.2 示出了原始不平衡量 $e(z)$。当转子以角速度 ω 回转时，沿 z 轴方向分布的惯性力见式(A.8)。

对于固定坐标系 $Oxyz$ 来说，e 和 S 不但是 z 的函数，而且当转子回转时，它们还是时间 t 的函数，可以表示为

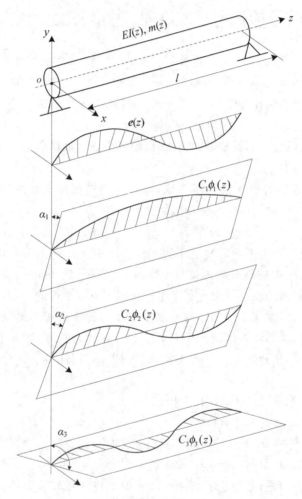

图 A.2　挠性转子的平衡图

$$\begin{cases} e(z,t) = e(z)e^{i\omega t} \\ S(z,t) = S(z)e^{i\omega t} \end{cases} \quad (A.9)$$

惯性力系在 xOz 平面和 yOz 平面内的分量分别为

$$\begin{cases} q_{gx}(z,t) = m\omega^2 [x(z,t) + e_x(z,t)] \\ q_{gy}(z,t) = m\omega^2 [y(z,t) + e_y(z,t)] \end{cases} \tag{A.10}$$

式中，$x(z,t)$ 和 $y(z,t)$ 分别为 $S(z,t)$ 在 xOz 平面和 yOz 平面内的投影，$e_x(z,t)$ 和 $e_y(z,t)$ 分别为 $e(z,t)$ 在 xOz 平面和 yOz 平面内的投影。

转子在 xOz 平面和 yOz 平面内的无阻尼的横向受迫振动方程可表示为

$$\begin{cases} EI\dfrac{\partial^4 x(z,t)}{\partial z^4} - m\omega^2 [x(z,t) + e_x(z,t)] = 0 \\ EI\dfrac{\partial^4 y(z,t)}{\partial z^4} - m\omega^2 [y(z,t) + e_y(z,t)] = 0 \end{cases} \tag{A.11}$$

注意到式（A.9），可以将式（A.11）中的两式合并起来，得到

$$EI\frac{\partial^4 S(z,t)}{\partial z^4} + m\frac{\partial^2 S(z,t)}{\partial t^2} = m\omega^2 e(z)\mathrm{e}^{\mathrm{i}\omega t} \tag{A.12}$$

$e(z)$ 是一条空间曲线，可以将其写成振型函数 ϕ_n $(n=1,2,3,\cdots)$ 的线性组合，见附图 2。但振型函数是一系列的平面曲线，因此必须先把 $e(z)$ 向 xOz 平面和 yOz 平面分解得到两个平面曲线 $e_x(z)$ 和 $e_y(z)$，即

$$e(z) = e_x(z) + \mathrm{i}e_y(z) \tag{A.13}$$

将 $e_x(z)$ 和 $e_y(z)$ 分别展开成振型函数的线性组合，即

$$\begin{cases} e_x(z) = \sum_{n=1}^{\infty} C_{nx}\phi_n(z) \\ e_y(z) = \sum_{n=1}^{\infty} C_{ny}\phi_n(z) \end{cases} \tag{A.14}$$

将式（A.14）代入式（A.13）可得

$$e(z) = e_x(z) + \mathrm{i}e_y(z) = \sum_{n=1}^{\infty}(C_{nx} + \mathrm{i}C_{ny})\phi_n(z) = \sum_{n=1}^{\infty}C_n\mathrm{e}^{\mathrm{i}\alpha_n}\phi_n(z) = \sum_{n=1}^{\infty}\boldsymbol{C}_n\phi_n(z) \tag{A.15}$$

式中，$C_n = \sqrt{C_{nx}^2 + C_{ny}^2}$，$\alpha_n = \arctan\left(\dfrac{C_{ny}}{C_{nx}}\right)$，$\boldsymbol{C}_n = C_n\mathrm{e}^{\mathrm{i}\alpha_n}$ 称为偏心系数。

式（A.15）表明，空间曲线 $e(z)$ 由无穷多个平面曲线 $\boldsymbol{C}_n\phi_n(z)$ 组成，这些平面曲线不在同一平面内，它们与 yOz 平面的夹角为 α_n，如图 A.2 所示。

将式（A.15）代入式（A.12）可得

$$EI\frac{\partial^4 S(z,t)}{\partial z^4} + m\frac{\partial^2 S(z,t)}{\partial t^2} = m\omega^2\mathrm{e}^{\mathrm{i}\omega t}\sum_{n=1}^{\infty}[\boldsymbol{C}_n\boldsymbol{\phi}_n(z)] \tag{A.16}$$

其对应于受迫振动的特解为

$$S(z,t) = \mathrm{e}^{\mathrm{i}\omega t} \sum_{n=1}^{\infty} \left[\frac{\omega^2}{\omega_n^2 - \omega^2} C_n \boldsymbol{\phi}_n(z) \right] \tag{A.17}$$

式中,$\omega_n = \left(\dfrac{n\pi}{l}\right)^2 \sqrt{\dfrac{EI}{m}}$,称为转子第 n 阶临界转速。

式(A.17)对于分析挠性转子的平衡具有重要意义,它反映了原始不平衡量与动挠度之间的关系,由此可以了解挠性转子变形的一些重要特性:

(1) 转子的动挠度曲线是一条由各阶振型函数叠加起来的空间曲线,各阶主振型成分并不在同一平面内,它们之间存在着相位差。

(2) 动挠度曲线的形状随转速而变化。当转速 ω 接近某阶临界速度时,该阶振型分量趋于无穷大,所以当转子在某阶临界转速下运转时,转子的变形主要是该阶振型的形状,其他阶振型的分量是次要的,这就是振型分离的原理。另外,当转子的转速恒定时,动挠度曲线的形状保持不变,并随着转子一起绕几何回转轴线同步回转。

(3) 动挠度曲线中各阶振型分量的振型与同阶不平衡量的谐分量的幅值相差一个倍率 $\omega^2/(\omega_n^2 - \omega^2)$,相位相同(当 $\omega < \omega_n$)或相反(当 $\omega > \omega_n$),这是对于忽略阻尼的情况而言的。对于有阻尼的情况,挠度曲线中的各阶分量与同阶不平衡量分量之间存在着相位差,而且不同阶的相位差也不同。

(4) 根据振型函数的正交性,可以得出结论:转子第 n 阶主振型仅仅是由不平衡量的第 n 阶分量激起的,其他各阶不平衡量的谐分量不激起第 n 阶主振型。这一结论为挠性转子的动平衡指出了途径:将转子依次驱动至各阶临界转速附近,使转子的变形呈现相应的各阶主振型。由于各阶主振型均是由同阶不平衡量激起的,因此可以通过依次测量各阶主振型来消除各阶不平衡量,这就是振型平衡法的原理。

A.4　挠性转子的平衡条件

如果期望在 N 个平衡面上分别加上集中的校正量 $U_1, U_2, \cdots, U_N$ 使挠性转子达到平衡状态,那么由 N 个校正量所产生的惯性力和由原始不平衡量 $e(z)$ 及转子的动挠度 $S(z)$ 所产生的不平衡离心惯性力 $q_{\mathrm{g}}(z)$ 共同组成的离心惯性力系必须成为一个自相平衡的力系,从而使转子对支承产生的动反力为零。如果在做转子的挠性平衡之前,转子经过了刚性平衡,则在上述离心惯性力系中尚需加入刚性平衡的校正量 U_{I} 和 U_{II} 所产生的惯性力。因此,所加的 N 个校正量首先应该满足下列方程:

$$\begin{cases} \displaystyle\int_0^l m(z)\boldsymbol{S}(z)\mathrm{d}z + \int_0^l \boldsymbol{u}(z)\mathrm{d}z + \boldsymbol{U}_{\mathrm{I}} + \boldsymbol{U}_{\mathrm{II}} + \sum_{n=1}^{N} \boldsymbol{U}_n = 0 \\ \displaystyle\int_0^l m(z)z\boldsymbol{S}(z)\mathrm{d}z + \int_0^l z\boldsymbol{u}(z)\mathrm{d}z + z_{\mathrm{I}}\boldsymbol{U}_{\mathrm{I}} + z_{\mathrm{II}}\boldsymbol{U}_{\mathrm{II}} + \sum_{n=1}^{N} z_n\boldsymbol{U}_n = 0 \end{cases} \tag{A.18}$$

挠性转子平衡还要求所加的校正量能够消除由原始不平衡量所产生的弹性变形，从而消除转子内的动态应力。一般来说，刚性平衡的校正量 $\boldsymbol{U}_{\mathrm{I}}$ 和 $\boldsymbol{U}_{\mathrm{II}}$ 紧靠支承面，由 $\boldsymbol{U}_{\mathrm{I}}$ 和 $\boldsymbol{U}_{\mathrm{II}}$ 产生的弯矩很小，所以由此产生的转子变形很小，可以忽略不计。因此，进行挠性转子平衡所加的 N 个校正量 $\boldsymbol{U}_1,\boldsymbol{U}_2,\ldots,\boldsymbol{U}_N$ 还应满足这样的条件：由 N 个校正量和原始不平衡量 $\boldsymbol{u}(z)$ 共同产生的动挠度应为零，即

$$\boldsymbol{S}(z)=0 \tag{A.19}$$

这样，由式（A.7）和式（A.19），可将式（A.18）简化为

$$\begin{cases} \displaystyle\sum_{n=1}^{N} \boldsymbol{U}_n = 0 \\ \displaystyle\sum_{n=1}^{N} z_n\boldsymbol{U}_n = 0 \end{cases} \tag{A.20}$$

也就是说，N 个不平衡量应首先同时满足式（A.20）。

下面讨论式（A.19）所包含的对 $\boldsymbol{U}_1$，$\boldsymbol{U}_2$，$\cdots$，$\boldsymbol{U}_N$ 要求的具体内容。

设由原始不平衡量 $\boldsymbol{u}(z)$ 产生的动挠度为 $\boldsymbol{S}_u(z,t)$，由校正量 $\boldsymbol{U}_1$、$\boldsymbol{U}_2$、$\ldots$、$\boldsymbol{U}_N$ 产生的动挠度为 $\boldsymbol{S}_M(z,t)$，则

$$\boldsymbol{S}(z,t)=\boldsymbol{S}_u(z,t)+\boldsymbol{S}_M(z,t) \tag{A.21}$$

由式（A.17）可得

$$\boldsymbol{S}_u(z,t) = \mathrm{e}^{\mathrm{i}\omega t}\sum_{n=1}^{\infty}\left[\frac{\omega^2}{\omega_n^2-\omega^2}\boldsymbol{C}_n\boldsymbol{\phi}_n(z)\right] \tag{A.22}$$

为了求 $\boldsymbol{S}_M(z,t)$，设在转子的 z_k 处加上一个校正量 $\boldsymbol{U}_k$，它产生的离心惯性力为 $\omega^2\boldsymbol{U}_k$，此矢量在 z_k 处横截面内与 y 轴夹角为初相角 β_k，且与转子同步回转，故可写成

$$\mathrm{e}^{\mathrm{i}\omega t}\omega^2\boldsymbol{U}_k = \omega^2\mathrm{e}^{\mathrm{i}\beta_k}U_k\mathrm{e}^{\mathrm{i}\omega t} \tag{A.23}$$

将其作为外加激振力施于转子，则转子的受迫响应 $\boldsymbol{S}_{Mk}$ 可表示为

$$\boldsymbol{S}_{Mk}(z,t) = \sum_{n=1}^{\infty}\left[\frac{\omega^2}{\omega_n^2-\omega^2}\frac{\mathrm{e}^{\mathrm{i}\beta_k}U_k}{M_n}\phi_n(z_k)\varphi_n(z)\mathrm{e}^{\mathrm{i}\omega t}\right] = \mathrm{e}^{\mathrm{i}\omega t}\sum_{n=1}^{\infty}\left[\frac{\omega^2}{\omega_n^2-\omega^2}\frac{U_k}{M_n}\phi_n(z_k)\varphi_n(z)\right] \tag{A.24}$$

式中，$M_n = \displaystyle\int_0^l m(z)\phi_n^2(z)\mathrm{d}z$，称为模态质量。

由 N 个校正量产生的动挠度曲线可表示为

$$S_M(z,t) = \sum_{k=1}^{N} S_{Mk}(z,t) = e^{i\omega t} \sum_{k=1}^{N} \sum_{n=1}^{\infty} \left[\frac{\omega^2}{\omega_n^2 - \omega^2} \frac{U_k}{M_n} \phi_n(z_k) \phi_n(z) \right] \quad (A.25)$$

将式(A.22)和(A.25)代入式(A.21)且令其为零,得

$$S(z,t) = S_u(z,t) + S_M(z,t) = e^{i\omega t} \sum_{n=1}^{\infty} \frac{\omega^2}{\omega_n^2 - \omega^2} \left[\frac{1}{M_n} \sum_{k=1}^{N} U_k \phi_n(z_k) + C_n \right] \phi_n(z) = 0$$

$$(A.26)$$

由式(A.26)得

$$\frac{1}{M_n} \sum_{k=1}^{N} U_k \phi_n(z_k) + C_n = 0 \quad (n = 1, 2, \cdots) \quad (A.27)$$

或

$$\sum_{k=1}^{N} U_k \phi_n(z_k) + M_n C_n = 0 \quad (n = 1, 2, \cdots) \quad (A.28)$$

利用振型函数的正交性,不难证明下述等式:

$$M_n C_n = \int_0^l u(z) \phi_n(z) dz \quad (n = 1, 2, \cdots) \quad (A.29)$$

因此,式(A.28)也可表示为

$$\sum_{k=1}^{N} U_k \phi_n(z_k) + \int_0^l u(z) \phi_n(z) dz = 0 \quad (n = 1, 2, \cdots) \quad (A.30)$$

至此,可以将挠性转子平衡时所加的 N 个校正量所应满足的条件总结如下:

$$\begin{cases} \sum_{n=1}^{N} U_n = 0 \\ \sum_{n=1}^{N} z_n U_n = 0 \\ \sum_{k=1}^{N} U_k \phi_n(z_k) + \int_0^l u(z) \phi_n(z) dz = 0 \quad (n = 1, 2, \cdots) \end{cases} \quad (A.31)$$

在式(A.31)中包括了两部分:前两个方程是刚性平衡条件,第三个方程是各阶振型平衡条件,它们分别称为力平衡方程、力矩平衡方程和振型平衡方程。因为挠性转子具有无穷多阶的主振型,所以方式(A.31)中包含无穷多个方程式。

刚性转子的平衡条件式(A.7)和挠性转子的平衡条件式(A.31)即构成了高速平衡技术的理论基础。

附录B DG系列与HY-VG系列高速平衡机技术参数表

表B.1 DG系列数字化高速平衡机技术参数表

主参数 型号	DG10-3	DG10-4	DG10-5	DG10-6	DG10-7	DG10-8	DG10-9	DG10-10	DG10-11	DG10-12	DG10-13
重量范围/(t)	0.06~1.25	0.125~2.5	0.25~4.5	0.4~8	0.6~12.5	1.6~32/1~20	4~80/2.5~50	6~125/80	10~200/125	16~320/200	25~450/320
最高转速/(r/min)	30 000	20 000	20 000	15 000	12 000	8 000	4 500	4 500	4 500	4 500	4 500
轴承座孔径/(mm)	160	200	250	320	400	550/450	900/800	1 050/950	1 250/1 100	1 450/1 320	1 700/1 550
轴颈直径/(mm)	100	125	180	220	280	400/300	630/560	750/670	960/800	1 100/1 000	1 200/1 150
驱动功率/(kW)	150	220	300	500	700	1 000	3 000	4 000	5 000	8 000	10 000
中心高/(mm)（不含垫箱）	450	520	630	800	900	1 250	1 600	1 800	1 950	2 050	2 200

表B.2　HY-VG系列准高速平衡机技术参数表

主要技术参数		HY5VG36	HY5VG60	HY6VG70	HY6VG30	HY7VG36	HY7VG55	HY8VG36
工作最大质量/(kg)		50~1 500	50~1 500	100~2 500	150~3 000	250~5 000	450~10 000	高速: 500~5 000 低速: 500~5 000
工作最大首径/(mm)		1 600				2 100	2 500	2 800
两支承间距/(mm)(可选配)		250~3 020				300~4 250		300~6 750
床身长度/(mm)		3 500				4 500		5 250~2 250
轴径范围/(mm)	标准型	18~140		40~180			50~200	60~250
	拓展型(选配)	140~280		180~320			200~400	250~500
平衡转速/(r/min)(转子质量G为限定条件)		180~3 600 G≤500kg 180~1 680(G≤1 500kg)	180~6 000 G≤400kg	180~7 000 G≤500kg 180~1 800(G≤2 500kg)	180~3 000 G≤1 000kg 180~1 800(G≤3 000kg)	180~3 600 G≤1 000kg 180~1 800(G≤5 000kg)	180~5 500(G≤650kg) 180~4 200(G≤850kg) 180~1 200(G≤10 000kg)	180~3 600(G≤5 000kg) 180~1 200(G≤50 000kg) 超速试验: 4 320
万向节扭矩/(N·m)	标准	250			700			2 250
	选配	700			2 250			5 000
电动机功率/(kW)		37	55	75	90	110	135	250
ST690-H电测系统分辨力/(g·mm)		8	8	15	15	40	40	120
振动速度分辨力/(mm/s)		0.1						
最小可达剩余不平衡度 e_{mar}/(g·mm/kg)		≤0.5						
不平衡量减少率 URR/(%)		≥95%						

附录 C 上海辛克试验机有限公司

上海辛克试验机有限公司,是我国最大的装备制造集团——上海电气集团总公司下属的平衡机及材料试验机专业制造企业,是国内生产和销售平衡机和试验机的龙头企业,也是国内唯一一家能研制数字化大型高速平衡装备的企业。

作为专业从事平衡机设计、制造的高新技术企业,上海辛克试验机有限公司拥有超过半个世纪的成熟的设计、制造经验和完善的检测、研制手段及工艺技术,自主研发、生产、制造的各类平衡机、材料试验机产品,其性能均达到国际先进水平。该公司是国内最大的平衡机、材料试验机制造企业,在行业领域内享有很高的知名度。

C.1 辉煌 60 年:为我国装备制造业做出贡献

上海辛克试验机有限公司的前身是成立于 1948 年的玲奋机械制造厂。当时,企业利用旧中国遗留下来的一台进口平衡机,通过消化、吸收,成功研发出我国首台 100 lb(1 lb＝0.453 kg)火花式软支承平衡机,并应用于我国机械制造业,推进和加快了我国制造业的发展。新中国成立后,在有关科研院校支持下,企业相继研制满足机械行业所需的各种平衡机、材料试验机等检测仪器。为加快试验检测技术的发展,通过合并多家企业,于 1958 年成立上海试验机厂。该厂是上海唯一一家专业研制平衡机、万能材料试验机的检测仪器企业,为机械工业部重点骨干企业,产品市场占有率达 80% 左右,排名全国第一。

1975 年,机电工业部和上海市政府遵照周恩来总理的批示,成立 200t 高速平衡机会战小组,组织高校及研究院所,开展攻关研究。会战小组由上海试验机厂、机械工业部第二设计研究院、上海交通大学、上海汽轮机厂和上海电机厂等单位组成。参加会战攻关的工程技术人员翻译了 75 万字的外文资料,查阅了大量的国内外文献资料,通过自行设计制造小型模型机开展模拟试验研究,记录和积累了 6 万多组数据和图表,为 200t 高速平衡机的主机结构、技术参数、电测系统、高灵敏传感器等研制提供了理论和设计依据,为完成 200t 高速平衡机整体设计奠定了坚实的基础,最终于 1981 年试制成功 200t 高速平衡机,并通过国家鉴定、验收,各项技术指标都达到国际标准。该装置的研制成功,填补了我国高速平衡试验装置的空白,项目组成员也因此获得上海市年度科技进步成果奖和机械工业部阶段成果二等奖,1988年获国家机械委科技进步一等奖和国家科技进步二等奖。

200t高速试验装置从1983年投入正式使用至今,已完成了1 000多根转子——包括汽轮机、电机、风机等各种转子的高速平衡试验。世界著名企业ABB公司、西屋公司、西门子公司、东芝公司等都利用该高速平衡装置完成了其公司生产的汽轮机转子高速平衡试验。经高速平衡试验后的转子、整机发电设备在电厂运转中振动小、运行平稳、噪声降低,完全达到国家和国际技术标准,得到众多电力企业的赞赏。

20世纪80年代初我国实施改革开放战略,国际著名平衡机、材料试验机制造商德国卡尔申克公司经过多年调研考察,与上海试验机厂于1991年7月成立中德合资上海申克试验机有限公司(双方各占50%股份)。通过引进、消化、吸收,生产具有国际先进水平的H系列平衡机及STU系列材料试验机等产品,以及CAB590、CAB690等系列平衡机电子测量系统。公司员工以"敢为人先"的精神,在中外文化碰撞中吸收精华为己所用。同时,公司引进模块化生产模式和国际质量保证体系,于1996年取得德国莱茵技术有限公司ISO9001质量体系认证。

2007年5月经上海外资委批准,上海电气(集团)总公司收回外方全部股份,直接控股成立上海辛克试验机有限公司。上海电气集团成功收购德方的股权,正是为了更加切实维护中方的利益和权利,保留和持续发展民族工业自身具有的高端技术。如今,上海辛克试验机有限公司取代了上海申克试验机有限公司。公司的名称虽然改变了,但"以用户为中心,持续改进,追求更好"的方针和一系列贯彻ISO9000标准的管理模式始终未变。"严格的科学管理、先进的测量技术、一流的产品质量、优质的服务"理念仍然得到秉承和发扬。

C.2 灿烂的明天:创新驱动、转型发展、再创新绩

上海辛克试验机有限公司的经济实力和社会信誉因为上海电气集团的股权投入得到增强和提升。作为研制高精度检测仪器和设备的现代化企业,上海辛克试验机有限公司在原有发展的基础上具备了集研制、开发、设计、制造、销售、服务为一体的、适应市场所需的各种平衡机和材料试验机等大型设备的能力。

创新驱动、转型发展离不开人才的集聚和培养。长期以来,公司领导高度重视人才队伍建设,通过多种方式和渠道集聚人才,形成了一支以总工程师王悦武高级工程师(研究员级)为核心的高速平衡技术装备研发、设计和技术服务队伍,

为研制、生产数字化大型高速平衡机,实现产品"国内第一、世界前三"的目标奠定了重要的基础。

为谋求企业的更大发展,上海辛克试验机有限公司经过调研,确立研制设计"智能化大型高速平衡机"为公司的优先发展方向。为了解除制约公司发展的场地、设备等瓶颈,上海市、上海电气集团给予了大力支持,投资数千万元,用于厂房的搬迁、改造和大型数控加工中心等数控加工机床及高精度的计量器具的添置,以满足高速平衡机主要部件机械支承座等的加工、装配调试、精度检测等需要。同时,公司又斥巨资建成高速平衡试验室。该试验室采用中央控制、分屏显示、全电脑操作,实现视频全自动控制,并配备功能齐全的信号测试分析系统。该试验室可用于 4.5t 以下挠性转子的高速平衡、超速试验(最高转速 8 000r/min)以及开展转子动力学特性的试验与研究。

2010 年 3 月,上海辛克试验机有限公司整体搬迁至上海市松江区永丰路 35 号,为使公司成为我国研发中高档平衡机、材料试验机等检测仪器的生产基地和服务基地创造了良好的条件。同时,公司核心团队进一步完善质量管理体系建设,将现代优秀管理理念融入整个企业管理之中,重点强调现场管理、资金运作经营风险管理、经济运行全过程管理,将企业管理要求整合成一个全方位的管理体系,保证产品质量和服务。

我们相信经过公司全体员工的努力,企业一定会拥有灿烂的明天!

参 考 文 献

［1］徐锡林. 机械平衡及其装备［M］. 上海：上海科技文献出版社，2013.

［2］Hatto Schneider. Balancing Technique［M］. Carl Schench AG，1977.

［3］Mark S. Darlow. Balancing of high-speed machinery［M］. Springer-Verlag，1989.

［4］叶能安，余汝生. 动平衡原理与动平衡机［M］. 武汉：华中工学院出版社，1985.

［5］杨建刚. 旋转机械振动分析与工程应用［M］. 北京：中国电力出版社，2007.

［6］三轮修三，下村玄. 旋转机械的平衡［M］. 朱晓农，译. 北京：机械工业出版社，1992.

［7］周仁睦. 转子动平衡原理、方法和标准［M］. 北京：化学工业出版社，1992.

［8］寇胜利. 汽轮机发电机组的振动及现场平衡［M］. 北京：中国电力出版社，2007.

［9］黄永强，陈树勋. 机械振动理论［M］. 北京：机械工业出版社，1996.

［10］国家技术监督局. 机械振动　平衡词汇（GB/T6444-2008）［S］. 北京：国家标准出版社，2008.

［11］国家技术监督局. 机械振动　恒态（刚性）转子平衡品质要求　第1部分：规范与平衡允差的检验（GB/T 9293.1-2006）［S］. 北京：国家标准出版社，2006.

［12］国家技术监督局. 挠性转子机械平衡的方法和准则［S］（GB/T 6557-2009）. 北京：国家标准出版社，2009.

［13］Goodman TP. A least-square method for computing balance corrections［J］. Trans. ASME，Journal of Engineering for Industry，1964,86(3)：273-279.

［14］Yu X. General Influence Coefficient Algorithm in Balancing of Rotating Machinery［J］. International Journal of Rotating Machinery，2004，10：85-90.

［15］钱超俊，田社平，王悦武. 基于 ANSYS 的动平衡机摆架动力学分析［J］. 工程与试验，2010,50(2)：10-13.

［16］徐锡林. 大型高速动平衡机轴承支承刚度设计的研究［J］. 仪器仪表学报，1980,1(4)：83-90.

［17］夏松波，汪光明，黄文虎，等. 涡轮机支承动刚度及其对转子临界转速的影响［J］. 哈尔滨工业大学学报，1979(1)：84-95.

［18］邓勇. 柔性转子的高速动平衡［J］. 燃气轮机技术，1996,9(4)：36-46.

［19］陈波，方正，张明. 谈大型高速动平衡试验室工艺设计［J］. 工程建设与设计，2010(7)：44-46.

［20］陈波，周丹诚. 国内大型高速动平衡试验装置概述［J］. 燃气轮机技术，2010,24(3)：15-17.

［21］顾明剑，田相合，肖健. 某高速动平衡实验室的结构设计［J］. 施工技术，2009,38(12)：

384-387.

[22] 石清鑫,袁奇,胡永康. 250 t 高速动平衡机摆架的动刚度分析[J]. 机械工程学报,2011, 47(1):75-79.

[23] 俞水锋,杨珏,林晓娟,等. 基于数字陷波滤波器的转子不平衡量测量[J]. 计量技术, 2011(10):15-18.

[24] 王悦武,李连春. 用于平衡机的电磁式传感器及其装配工艺[P]. 中国,CN101738291A [P]. 2010.

[25] 田社平,秦琳. 基于脉宽调制的跟踪滤波电路及其设计方法[P]. 中国,CN102386887A [P]. 2011.

[26] 田社平,秦琳. 一种基于脉宽调制的跟踪积分电路及其控制方法[P]. 中国, CN101944902A[P]. 2010.